照明规划设计方案的构成与表现

国家高级照明设计师专业能力考核的技术要点与实例

李农 著

U0301846

中国建筑工业出版社

图书在版编目（CIP）数据

照明规划设计方案的构成与表现：国家高级照明设计师专业能
力考核的技术要点与实例/李农著. —北京：中国建筑工业出版
社，2013.11

ISBN 978-7-112-15810-2

Ⅰ.①照… Ⅱ.①李… Ⅲ.①建筑照明－照明设计－设计师－
资格考试－自学参考资料 Ⅳ.①TU113.6

中国版本图书馆CIP数据核字（2013）第209586号

　　本书以照明规划设计的全过程为主线，以实例为依托，就城市公共空间照明方案设计的方法、构成与表现等内容，通过图文
并茂的形式，进行了全面系统的介绍，对从事照明设计的人士具有非常实用的参考价值。此外，书中还介绍了照明设计师职业资
格认定国家标准中与高级照明设计师相关部分的技术要点，分析了专业能力考核的要点与考试中常见的错误，并给出了照明设计
师职业资格考核的实际案例，供大家参考学习。

　　本书可作为照明设计师职业资格认定考试的参考书，也可以供照明设计、管理和教学领域的人士及建筑学、建筑电气等相关
专业的学生参考学习。

责任编辑：张　磊
责任校对：王雪竹　关　健

照明规划设计方案的构成与表现

国家高级照明设计师专业能力考核的技术要点与实例
李农　著
*
中国建筑工业出版社出版、发行（北京西郊百万庄）
各地新华书店、建筑书店经销
北京京点图文设计公司制版
北京画中画印刷有限公司印刷
*
开本：787×1092毫米　1/16　印张：9¼　字数：210千字
2013年11月第一版　2013年11月第一次印刷
定价：**88.00元**
ISBN 978-7-112-15810-2
　　　　（24575）

版权所有　翻印必究
如有印装质量问题，可寄本社退换
（邮政编码 100037）

前　言

随着中国经济的不断发展，人居环境的逐步改善，景观照明的社会需求正在持续不断地释放，照明市场的"蛋糕"也越来越大，但由于我国景观照明行业起步相对较晚，加之国内又尚未设置本科照明设计专业，因此照明设计人员在我国仍旧十分匮乏，其质量与数量都远不能满足我国照明事业的发展需要，特别是高水平的照明设计师尤为紧缺，因此培养专业的照明设计人才，满足照明市场需要，规范从业人员素质，已成为时代和市场的紧迫要求。

我国于2006年4月将"照明设计师"纳入到国家职业资格认证体系之中，随后于2008年3月才开始该职业资格的认定工作，其中于2009年3月举办了首期高级照明设计师培训班，并完成了职业资格的认定与颁证工作。照明设计师职业资格认定工作的开展，对规范我国劳动力市场，不断提高照明领域从业人员的专业素质具有积极的社会意义，有利于我国经济社会包括照明行业自身的健康发展。众所周知，设计决定产品质量，而设计者决定设计质量。因此国家照明设计师职业资格认定工作的实施，必将有利于建立一支高素质的照明设计队伍，对贯彻中央节约能源、保护环境、实施绿色照明，构建和谐的节约型社会都有着巨大的现实意义。

笔者自始至终参与了此项工作，并作为负责人，主持了包括《照明设计师国家职业标准（试行）》、培训计划与培训大纲的起草以及培训教材的编写工作，以及各级照明设计师培训班的授课、出题、阅卷工作。工作中发现目前从业者的实际水平，着实让人吃惊，许多考生虽多年从事照明设计及相关工作，但由于从未接受过照明设计的系统学习与训练，甚至不清楚照明设计应包含的最基本内容都有哪些，且缺少照明设计的基础训练，加之希望获得高级照明设计师职业资格的人员也希望了解职业资格认定考试中有关"专业能力"考核的方式、深度等情况，鉴于此才促使笔者萌发了撰写此书的想法，相信读者通过本书的阅读学习，不但有助于对高级照明设计师职业资格认定考试的了解，也一定会有助于今后照明设计的实际工作。

由于专业能力考核要求的内容及深度与真实的照明规划设计大致相同，本书采用贯穿始终的一个完整照明规划设计实例为主线，将设计方案所包含的基本内容逐一分析论述，通过图文并茂的形式予以介绍，因此其表现方式与形态对从业者和备考者都具有借鉴意义。之所以说具有借鉴意义，原因在于设计本身没有唯一的标准答案，表现同样也没有唯一的形式，但所要表述的基本内容却是一样的。因此通过本书的学习，可以使照明设计从业者和备考者掌握最基本的照明设计表述内容和表现方式，以及设计表述的一些技巧与注意事项。相信照明设计师在此基础上，通过自身不断的历练并结合实际工程的具体情况加以适当调整，就可以直接应用于实际工作。当然，这里所讲的内容大多也来自工程的实践，因此除设计内容需要表达之外，一些必要的格式和形式在此作为参考也一并予以介绍。为使读者知其然更知其所以然，在书中还介绍了照明规划设计的理论，这样不但可以使读者了解照明设计的基本理论，还可以掌握照明设计的表述内容和表现方式，因此具有实际的参考价值。

　　本书的内容共分为四大部分：第一部分主要介绍中国照明设计师职业资格认定国家标准中与高级照明设计师相关部分的要点及相关情况；第二部分主要介绍照明规划设计的理论；第三部分主要介绍照明规划设计相关的内容、方法与技巧；第四部分作为附录给出了照明规划设计的案例，它来自高级照明设计师职业资格考试中"专业能力"考核的试卷，列于此便于读者参考。

　　本书的编写方式在国内外的照明设计专业类的图书中并不多见，也许是从事该专业的人员保密的心态，不愿意将自家的"秘籍"公之于众。本人从事照明规划设计多年，主持大小照明规划设计项目不计其数，同时转战国内外从事照明教育与研究大半辈子，积累了丰富的照明专业知识与实战经验，在此愿意抛砖引玉，将自己多年来的积累与经验拿出来与大家分享。当然，笔者也深知学无止境，书中给出的并不是范本，而是一种参考，希望读者在此基础上发扬光大，做出更好的照明设计。

　　此外，本书的编写过程中，北京工业大学城市照明规划设计研究所的研究生刘玄烨、常影、周萌萌同学参与了编写工作，以及 Iowa State University 设计学院的李琪奕也给予了大量帮助；此外徐庆辉先生无私地提供了附录中所列照明设计师职业资格考试中"专业能力"的考核试卷，在此一并表示感谢。

　　由于本人才识所限，本书难免会有不当之处，恳请广大读者批评指正，以便今后再版时改正。

北京工业大学建筑与城市规划学院教授
北京工业大学城市照明规划设计研究所所长
李农　博士
2013 年 5 月

目　录　　前　言

第一章　高级照明设计师专业能力考核要点分析

高级照明设计师专业能力考核的依据是原劳动和社会保障部制定的《照明设计师国家职业标准（试行）》（以下简称《标准》），该《标准》以客观反映现阶段本职业的水平和对从业人员的要求为目标，遵循有关技术规程的要求，体现以职业活动为导向、以职业技能为核心的特点，内容包括职业概况、基本要求、工作要求和比重表四个方面，分别从职业特征、需要掌握的知识、应掌握的工作内容以及职业资格认定过程中各部分知识内容考核的比重等方面进行了规定与介绍，下面就上述四部分与高级照明设计师相关部分分别进行介绍。

第一节　照明设计师国家职业标准（试行）简介

根据《标准》的照明设计师职业定义：照明设计师是根据空间的功能性质，对室内外光环境进行综合设计的人员。由此可见从事该职业的从业人员的工作任务是"对室内外光环境进行综合设计"，显然设计对象已不局限于传统的室内空间，而是扩展到了室外空间；而且设计工作已不局限于功能照明，而是扩展到了光环境设计，即同时还包括艺术照明设计的部分。

照明设计师职业共设三个等级，分别为助理照明设计师、照明设计师和高级照明设计师。其中有关助理照明设计师和照明设计师专业能力考核的相关技术要求的说明请参考《照明方案设计的构成与表现——国家照明设计师专业能力考核的技术要点与实例》一书，本书重点介绍高级照明设计师专业能力考核的相关技术要求。

1. 申报条件

高级照明设计师的申报条件须满足以下任一条件：

（1）连续从事本职业工作 19 年以上。

（2）取得本职业照明设计师职业资格证书后，连续从事本职业工作 4 年以上。

（3）取得本职业照明设计师职业资格证书后，连续从事本职业工作 3 年以上，经本职业高级照明设计师正规培训达到规定标准学时数，并取得结业证书。

（4）具有本专业或相关专业大学本科学历证书后，连续从事本职业或相关职业工作 13 年以上。

（5）具有硕士、博士研究生学历证书，连续从事本职业或相关职业工作 10 年以上。

上述申报条件是准备获得高级照明设计师职业资格证书相关人员的申报资格条件，从此申报条件来看，也未设门槛条件，本科学历以下的人员，不论原所学专业如何，只要连续从事本职业工作 19 年以上即可；而本专业或相关专业（仅包括建筑学、景观设计、光源与照明、城市规划、电气工程与自动化专

职业功能	工作内容	能力要求	相关知识
一、市场分析	(一) 产业发展预测	1.能根据国内外产业技术现状做出发展预测报告 2.能根据技术发展趋势编制照明产品的发展预测报告	产品与技术发展趋势的分析法
	(二) 市场需求分析	1.能对照明市场进行调研分析 2.能提出照明新技术、新产品应用预测方案	市场分析与调研方法
二、技术设计	(一) 照明设计	1.能进行体育场馆、航空港、博物馆等场所的功能照明设计 2.能提出景观照明灯具设计的技术要求 3.能进行照明设计的系统经济技术分析	1.灯具外形和配光设计基本知识 2.灯具结构与构造设计知识 3.寿命期经济技术分析方法
	(二) 照明规划	1.能编制城市照明总体规划 2.能编制城市照明控制性规划	城市规划原理与方法的基本知识
三、管理与培训	(一) 项目管理	1.能撰写项目运行总体规划 2.能进行项目成本分析	1.项目管理知识 2.建筑经济知识
	(二) 培训	1.能编制照明培训计划 2.能编写培训讲义 3.能对助理照明设计师和照明设计师进行技术培训和指导 4.能对助理照明设计师和照明设计师进行综合业务测评	1.综合培训计划编制方法 2.培训讲义的编写方法

业）大学本科学历的人员，只要连续从事本职业工作13年以上，即可视为已具备本职业高级照明设计师职业资格的申报条件。

从以上申报条件来看，原则上在取得本职业照明设计师职业资格证书，且连续从事本职业工作4年后，方可以申报高级照明设计师的职业资格认定，且可以无需参加培训，直接参加职业资格认定考试；但若想提前一年申报[申报条件（3）]，那就必须参加高级照明设计师正规培训且合格后，方可参加职业资格认定。不论哪种情况的人员，只有最终通过职业资格认定考试后，方可获得高级照明设计师职业资格证书。

2. 鉴定方式

高级照明设计师职业资格鉴定方式分为理论知识考试、专业能力考核（俗称实操考试）和综合评审考核三部分，其中理论知识考试采用闭卷笔试方式，实操考试采用上机考试方式，而综合评审考核以专家组面试的方式考核申报者的工作能力和工程业绩。各部分考试或考核均实行百分制，成绩皆达60分及以上者为合格。

理论知识考试内容涉及该等级所要求的所有理论部分，实操考试内容为命题照明设计。理论知识考试时间为90分钟，实操考试时间为8小时。由于理论知识考试采用闭卷笔试方式大家都已熟知，但对于命题照明设计部分的考核方法和技术要点大家也许非常陌生，因此本书重点介绍该部分内容，并附加部分实例，希望成为实操考试的参考，并对有志于参加高级照明设计师职业资格认定的考生有所帮助。

3. 工作要求

本《标准》对助理照明设计师、照明设计师和高级照明设计师的能力要求依次递进，高级别涵盖低级别，即低级别照明设计师所掌握的知识高级别照明设计师理应掌握，而其中明确要求高级照明设计师应能够完成的工作见表1-1，由表可见高级照明设计师应会做的几大块工作在"职业功能"栏内表示；每一部分工作所需做的具体工作在"工作内容"栏内表示；对应于每一项工作内容所应掌握的技能在"能力要求"栏内表示；而要掌握这些技能所应掌握的关联知识在"相关知识"栏内表示。

从《标准》针对各级别照明设计师工作内容的设置上来讲，就照明设计部分的工作内容来看，与照明设计师相比，主要是把一些超难的照明设计项目类型留给了高级照明设计师，如体育场馆、航空港、博物馆的照明设计，但留下的是其功能照明设计，而非景观照明设计，因此概括起来讲，高级照明设计师在获得职业资格之前，就应该能够独立完成所有类型的景观照明设计，当获得职业资格后，则必须能够完成所有类型的照明设计（包括功能照明和景观照明设计）。

除照明设计部分的工作之外，主要还新增了市场分析和城市照明规划方面的工作内容要求，其中市场分析方面，则主要要求能够对照明行业的产业发展和市场需求做出相应的科学预测；而城市照明规划方面，则要求能够编制城市照明总体规划和城市照明详细规划。因此从《标准》编制的思想来看，即使针对照明设计的工作，要求已经完全不同于照明设计师，要求设计时，必须具有上升到规划层面去宏观把控设计对象的能力，因此必须掌握的不仅仅是"照明设计"，而是"照明规划设计"的能力。

理论知识比重表

	项　目	助理照明设计师（%）	照明设计师（%）	高级照明设计师（%）
基本要求	职业道德	5	5	5
	基础知识	30	10	5
相关知识	前期调研	15	-	-
	识图与工作图绘制	10	5	-
	创意设计	15	30	-
	技术设计	20	35	50
	设计实施	5	10	-
	市场分析	-	-	15
	管理与培训	-	5	25
合　计		100	100	100

专业能力比重表

表 1-3

	项　目	助理照明设计师（%）	照明设计师（%）	高级照明设计师（%）
能力要求	前期调研	30	-	-
	识图与工作图绘制	20	10	-
	创意设计	15	30	-
	技术设计	20	35	50
	设计实施	15	20	-
	市场分析	-	-	20
	管理与培训	-	5	30
合　计		100	100	100

4. 考核内容

《标准》中规定了高级照明设计师职业资格认定过程中各部分知识内容考核的比重，它包括理论知识和专业能力两部分，具体内容分别见表1-2和表1-3。它既是考核的内容范围，同时也意味着各部分内容考题分量的参考，当然对考生而言，也可以作为各部分内容复习的侧重点和时间安排的参考。上述两表对高级照明设计师职业资格认定工作的各环节也都具有指导意义，如各部分内容的课时数安排等。

参看表格内容时须注意，表格中的横线或没有数字的部分表示考试不考的部分，虽说培训时不讲、考试时不考，并不意味着不需要掌握的内容，只是依据能力要求和相关知识依次递进，高级别涵盖低级别的《标准》编制原则，默认为已掌握这些内容而已。如果考生在复习准备考试时，当发现自己对相应部分的内容还不很清楚时，请抽空主动地浏览一下相关的培训教材或参考书籍，这对今后的工作和考试都会有很大的帮助。

第二节　专业能力考核的要点及常见错误

依据《标准》的鉴定方式中的实操考试为上机考试方式，目前主要是通过计算机完成一个照明规划设计的方案设计，当然并不排除随着时间的推移，从业人员的结构及市场重心的变化而导致命题的变化。

1. 考核要点

对于设计师而言，其所从事的照明设计领域可以简单地分为室内照明设计和室外照明设计两大类，由于传统上前者大多主要进行的是功能照明设计，而后者大多包含功能照明和景观照明设计两部分内容，考虑到目前申报职业资格认定考核人员大多来自城市照明设计、施工、生产相关的企业，因此目前阶段实操考试的出题范围往往室外照明设计的题目类型居多，随着时间的推移，伴随着申报职业资格认定考核人员的结构变化，将来的出题范围都可能发生变化，不仅是室外照明设计的题目，也会有室内照明相关的设计题目出现。

对于室外照明的设计题目而言，要求考生设计时必须同时考虑功能照明与景观照明两部分要求。考虑到各等级题目的难易差异，以及目前申报职业资格认定人员的从业类型，加之考核时间的限制，常以城市公共空间的景观照明规划设计类型居多，如城市车站、公园、广场、水系等，但不论考题类型如何、如何变化，其设计方法和表现方式都是类似的，这也是本书所要论述的内容。

高级照明设计师职业资格认定考试目前已进行了四期，其中实操考试选择的照明设计题目有公园、广场、水系的景观照明方案设计。对于高级照明设计师与照明设计师实操考试的最大区别就在于对整个城市公共空间景观照明效果的把控能力，也就是所谓的照明规划能力，因此考核内容主要包括照明的规划和设计两大部分。也就是说通过实操考试的题目，既要考核考生的照明规划能力，与此同时也要考核照明设计的能力，因此考生必须兼备两方面的工作能力。

该城区规划期限：总规期限：2013-2020年

从专业和现实的情况来看，由于城市照明规划是基于城市景观照明基础上的照明规划，因此，其景观性的一面是不能忽略。另外，由于中国经济的高速发展，城市建设的速度也让人难以预测，10年后的城市将会是怎样的都很难预知，所以，城市照明总体规划的年限与城市总体规划保持一致，但从专业角度分析特点看来，能够有效控制的年限为10年左右。

近期期限：2013-2016年
1、休闲运动区——吉劳庆游园
2、游憩健身区——康体健身带
3、文化休闲区
4、道路和广场等铺装场地基本功能性照明
远景期限：2017-2020年

愿景规划：2020年后

1.4、规划期限

本规划近期从2013年至2016年，远期规划至2016～2020年。

1.5、规划原则

1）滨水景观带照明规划必须以鄂尔多斯市总体规划为依据，其规划年限与调整周期应与总体规划一致。
2）应当根据滨水景观带自然地理环境、人文资源、经济条件、滨水景观带照明现状以及国民经济和社会发展趋势，综合考虑滨水景观带照明在社会、经济、环境等方面的效益，指导并全面安排滨水景观带照明建设。
3）优先发展滨水景观带功能照明，合理确定滨水景观带景观照明规模；推动功能照明与景观照明协调发展。
4）滨水景观带照明规划应注重节约能源、防止光污染、保护生态环境，促进人居环境的改善和滨水景观带照明的可持续发展。
5）保护及合理利用人文与景观资源，创造安全、舒适、优美、具有地方文化特色的滨水景观带夜间环境。

说到考核的题目是完成照明规划设计的方案，那就必须首先要搞清楚要做什么？做到什么深度？从照明设计的工作流程来看，其大致分为：方案设计、技术设计和施工配合三个阶段，由于时间的关系，考核时只要求完成到方案设计的深度。那么方案设计的深度要完成哪些方面的内容呢？

我们先来看一下照明设计师实际工作时所涉及的主要工作内容，它包括以下九个方面：

（1）收集相关资料并对现场进行调研和分析；

（2）建立设计环境的计算机模型，绘制设计草图；

（3）进行照明设计分析、创意设计，绘制效果图；

（4）对照明电器产品选型；

（5）进行照明工程的技术设计；

（6）制定照明设施的安装、供配电和照明控制系统设计方案；

（7）进行工程概算；

（8）对工程施工、安装、调试、验收进行技术指导；

（9）对照明工程的日常维修提出建议。

现实工作中，这其中的工作有些需要设计师亲自完成，有些需要其他工种人员的配合完成。从设计流程来看，大致遵从上面所列顺序，但实际工作中常存在工作内容的前后穿插与增减的情况发生。对于照明方案设计虽主要应完成上列的第（1）～（4）项工作，但由于设计方案的实现性说明的需要又往往会涉及部分技术设计的内容，因此两者间没有绝对的界限。对于职业资格最高等级的高级照明设计师，考核的重点之一便是技术设计能力，因此除必须完成第（1）～（4）项工作外，还应该依据设计命题就第（5）～（7）项工作根据需要做出简单的设计和说明。

2. 常见错误

对于上述实操考试的设计工作说起来简单，但实际上却不是一件容易完成的事情，因为照明设计不同于"1+1=2"的数学解式，它没有固定的解式程序，无法轻易地得到结果，那是不是就没有解决的途径了？当然不是，照明设计是一种形象思维的过程，它有其自身的规律与"语言"逻辑，只有掌握了其方法才能通过设计的逻辑和程式（又称"套路"）才能清晰地表达设计的思想、过程与结果，然而由于职业资格考核申报者大多为非设计类专业出身，不懂或不清楚这套体系，因此常常出现"文不对题"、"丢三落四"等设计表现中的诸多问题，下面仅罗列一些最常见也最基本的问题并加以分析指导。

（1）照明规划设计不存在规划期限

考试中常出现的此类问题见左图。所谓的照明规划设计，其实质还是照明设计，只不过由于设计对象相对复杂，为了保证设计对象整体的照明设计效果的合理、有序、完整，不能像简单设计对象（如楼体照明）那样直接上手就展开设计，必须首先进行整体的思考与策划，这一过程实质上就是照明规划的概念，因此照明规划设计可以简单地理解为"规划＋设计"，即首先针对设计对象进行照明整体布局的规划，然后在规划的指引下展开各细部的照明设计。

4.1 规划依据

《中华人民共和国城乡规划法》
《城市规划编制办法》
《城市照明规划编制规范》
《城市夜景照明设计规范》JGJ/T 163—2008、
《城市道路照明设计标准》CJJ 45—2006
《城市照明指南》CIE136—2000
《建筑电气照明装置施工与验收规范》GB 50617—2010
《IESNA 照明手册》IESNA
《室外环境照明》IESNA RP—33—99
《建筑照明术语标准》JGJ/T 119—98
《北京城市总体规划（2004 年—2020 年）》和专项规划

1.3 设计依据

《城市道路照明设计标准》 CJJ 45-2006
《建筑照明设计标准》 GB 50034-2004
《民用建筑电气设计规范》 JGJ/T 16-92
《供配电系统设计规范》 GB 50052-95
《低压配电设计规范》 GB 50054-95
 CIE 技术报告 136-2000 号出版物
 CIE 其他相关标准
《城市夜景照明技术指南》北京照明学会
《城市环境（装饰）照明规范》DB31/T316-2004
鄂尔多斯市三台基水库滨水景观带建设工程图纸

当然之所以会出现这样的错误，一方面原因在于对规划设计学科相关知识的欠缺，另一方面可能是对规划一词的误解，也许由于在培训过程中介绍了"城市照明规划"相关的内容，虽说都涉及"规划"一词，但在规划设计学科它们涉及的"层次"是不同的，技术方法与形式要求也不尽相同，因此不能简单套用，更不能将两者混为一谈。

（2）设计依据"文不对题"

设计依据是针对具体的某一项目的设计所参考及依据的内容，显然应该列举出重要直接相关的标准规范等资料，但并不意味着越多越好，更不能将无关的内容也添加进去，如本次实操考试的题目是水系的景观照明设计，因此夜景照明设计标准规范将是一个非常重要的参考技术标准，众所周知，我国《城市夜景照明设计规范》早已颁布，但该考生还将 CIE 的相关技术文件和北京市的地方标准或指南罗列上去（见左图），显然就是一个非常严重的失误。当然，如果我国的规范没有涉及到考生在设计时确实又用到了，则属例外。

作为基本常识，对于同类标准规范，地方标准要求不违反国标且要求不低于国家，即使两个标准规范内容不能完全覆盖，那么相同内容的部分必选按照国标执行，因为这两个标准规范的法律层级是不同的。另外，对于 CIE 相关出版物或推荐标准，其作用是推荐各国参考，不具备各国技术标准规范那样的法律约束力，因此当国家已经颁布相关技术标准后，就不能按照 CIE 的该类标准值进行设计，只有当国家没有相关的标准规范，才能参考 CIE 的标准值进行设计，当然也可以参考其他发达国家的标准进行设计，但通常情况下一般都是参考 CIE 的标准值进行设计的。

除此之外，还能看到让人不可思议的情况，更有甚者将北京市的城市总体规划、中华人民共和国城市规划法等也罗列上去，简直一点道理都没有。这些至少说明有部分考生对一些基本的规划设计常识都不甚清楚，可见提高从业者的素质多么必要和重要。此外常见的错误还包括有标准名无标准号，新老标准同时出现，以及新标准已颁布仍旧填写旧标准号等。

（3）设计缺少必要的分析与"铺垫"

照明设计虽说是一种形象思维的过程，但自身也具有逻辑思维、构思的过程，因此照明设计的结果应该是逻辑思维演进的结果，然而很多考生缺少必要的分析步骤，直接便进入到设计的环节，这是最常见，也是大多数考生容易出现的问题。此外与此类似的错误还有图纸的顺序不合理，看不出设计"技术推理"的过程，造成设计的方案很难说服人，而且造成结果出现的比较"突兀"。因此"技术推理"过程应该像"剥洋葱"式的，从大及小，从粗及细，一步一步地分析铺垫，最终推演出设计的结果。当然正是因为阅卷时发现考生普遍存在上述问题，而它又是照明设计的核心与必须掌握的技能，所以诱发了笔者撰写本书的想法。本书所介绍的正是这种"技术推理"的过程，以及必须表现的内容和表现的方式，希望借此提高考生及照明设计从业人员的设计技能，从而达到提高行业从业人员水平的目的。

第二章　照明规划设计原理

照明规划设计之所以不同于其他的艺术创作，是因为它具有较强的科学性和逻辑性；照明设计表现在思维上，具有较强的程序性特征；表现在技术上，则具有较强的多领域特征。因此照明设计师既需要在掌握照明设计理论的前提下，遵循设计程序性思维的方法，才能创造出科学合理的照明"作品"。

第一节　照明规划设计方法

1.照明控制要素

照明设计就是对光所形成的环境进行综合考虑、运筹帷幄的一项工作，通常其中既包括景观性照明的效果表现也包括功能性照明的技术实现，因此可以说其实质就是空间光环境的把控问题。对于城市公共空间，由于其涉及的载体种类众多，如城市广场与公园绿地中的建构筑物、喷泉、雕塑、绿化等，要实现良好的光环境效果，就必须全方位地把控处理好各景观要素，这就意味着需要全盘考虑，也就是所谓的规划含义，当然它也属于照明设计最复杂的一种类型。

光环境的影响要素包括光形态、光色彩、光亮度、亮度分布、显色性、光方向、光动态以及眩光等，这些要素都会影响光环境的效果，但这些因素各自影响的方面又不尽相同。光环境质量包括三个层次的内容，即功能性、舒适性与艺术性，好的照明设计应能够实现上述三个层次的完美结合。

显然满足国家相关照明标准中的亮度（照度）水平和眩光的合理控制是功能性的最基本要求，而亮度分布与显色性则与舒适性息息相关，最终的艺术性如何则与光形态、光方向、光色彩和光的动态性密不可分。因此，在照明设计中，应根据所需解决的问题或方面对症下药，才能快捷和准确地找出解决问题的对策。上述的光环境质量与影响要素的相互关系，不论室内还是室外的照明设计均不例外，自然城市景观照明设计也遵从同样的规律。

景观照明设计首先要处理好的是光的强度与色彩，其中的强度通常用亮度或照度来度量，而对于色彩，由于通常不会使用单一的色彩，就会存在一个色彩匹配的问题，因此设计时一般遵循的原则是首先确定一个背景主色调，再根据设计环境中重要载体的状况确定另一个不同色相的特征色，当然更复杂的情况下可能还需要确定一个次主色调，这样便可将色彩分出层次，使整个空间的色彩变得井然有序，通常色彩层次的划分取决于载体的状况和设计师想要表现的主题。

另外还要注意色彩的彩度问题，因为两种以上的颜色或即使同一色相的色彩，在设计环境中都还存在一个组织的问题，即所谓匹配的问题，当然其匹配的组合方式有多种，具体采用何种组合方式取决于设计师对空间景观照明设计的构想。总之只有做出符合审美要求的色彩匹配，才能塑造出照明效果的个性魅力和良好效果。

类 型	特 征	特 点	示 例
点状光	点本质上是最简洁的形，是造型的基本元素，照明设计中的点状光既可以是实的也可以是虚的，实点就是由真实发光所形成的点，而如果四周被照亮中间所留下的暗点则形成了虚点。可以说灯光最常见的形式就是点状光	单独的点状光具备集中的性格，组合的情况下，会产生各种不同的感觉，例如均匀排列，会形成严谨的结构、秩序感；特殊组合的情况下，还可形成线或面的视觉感觉，以及通过大小或疏密组织还可能带来凹凸等立体感	
线状光	照明视觉元素中的线状光一般具有直线静，曲线动以及两端有延伸感的视觉感受，且线状光的方向、位置、角度的不同，还能够产生上升、下降、倾斜等各异的视觉效应	线的组合包含规则交叉和非规则交叉两种，其中规则交叉效果工整，但有时效果表现冲击力不足；而非规则交叉易于创造奇异效果，但处理不好则可能混乱且不伦不类	
面状光	面是形体的外表，也是平面构成中最复杂、多变的构成元素。面的构成不像点和线的构成那么简单，且多数时候会涉及图形的创造	面状光在照明艺术中是常见也是最重要的部分，创作中必须从功能、美学和构图体系来考虑，通常用于表现载体的某种功能与整体效果	

2. 照明设计基础

　　照明设计的本质就是利用无形的光，结合照明载体，塑造有形的视觉形态，而照明的效果则是由光的视觉元素所表现出的整体效应，从平面构成的原理来看，点、线、面是使用频率最多的三个基本视觉元素，换言之，只要缺少其中一个元素，便会限制一定范围的构成"自由度"，增加构成设计的难度。点线面是构成视觉空间的基本元素，是表现视觉形象的基本设计语言，于是点线面便成为设计表现的主体对象和常用元素。

　　然而视觉元素的感觉与人的视觉相联系，依赖于与周围造型要素的比较，或者与所处的特定空间环境相比较，所以点线面具有相对性，因此在照明设计过程中，首先要确认光所呈现的点线面各自的独立表现价值和组合后的整体关系。照明设计通常就是通过这三个视觉元素或其组合来表现夜景观的，三个视觉元素具有表 2-1 所示的不同特征与特点。

　　通常上述任何单独一种视觉元素都有局限性，如点状光和线状光一般很难表现出照明的大效果，而面状光则易于表现照明的大效果，但缺少细部表现，不利于表现设计的主题与创意。因此实际照明设计时，更多的情况是由两种以上视觉元素的同时使用，通过巧妙的组合，既可以表现出照明的"大势"，又可以表现出优美的细部，使照明效果更加完美。

　　当然除了照明的景观效果表现之外，设计师还必须知道一个好的照明设计必须满足各方面的要求，所谓的"各方面"要求包括功能性、舒适性与艺术性，具体设计时可能会涉及包括光形态、光色彩、光亮度、光分布、显色性、光方向、光动态以及眩光等各因素的处理问题，显然，一个好的照明设计应能够实现上述三方面要求的完美结合。当然照明设计必须首先处理好光的强度与色彩的组合问题，光的强度会涉及各类照明标准规范，而色彩会涉及各类色彩的匹配，这两者的组合在很大程度上将决定照明的"底"，对于照明效果而言还需要"图"，即光的形态表现，那就必然会涉及一门新的学科，即所谓的光构成，它在相当程度上会影响设计的效果，因此也是景观照明或艺术照明设计的基本知识之一，故而有必要有所认识和了解。

　　从设计学原理来看，光构成包括平面构成和空间构成等，而其中由于现实中通常所遇到的设计更多在二维空间中展开，因此平面构成最为重要，且对二维空间的基本表现力的实现至关重要。平面构成是一门视觉艺术，是在平面上运用视觉反映与知觉作用形成的一种视觉语言，即通过视觉形象与形式来表达设计创意的一门学科。其构成方式有规律性构成与非规律性构成两种，照明设计时大多使用前者，而后者则主要应用于特定的场合，如需体现跳跃、不稳定感等场合。

　　实际上，设计师对于照明设计的思考不只是在处理整体，也是在处理构成的各个部分。对于具体的照明表现方式，则是根据上述光的可能表现形态，结合设计对象的整体或局部载体特征以及创意主题，进行合理有机的组织，亦即设计学原理中所说的构成，因此构成就是这样一种组织科学，能够使单元联结在一起形成整体。在照明设计中，应在视觉形式法则确立的秩序下，结合每个设计对象的具体情况，运用构成的手法进行视觉效果的表现与设计。

图 2-1　2005 爱知世博会灯光小品

图 2-2　2005 爱知世博会某企业馆

图 2-3　2005 爱知世博会韩国馆

图 2-4　2008 北京奥运中心区地铁口

图 2-5　北京长安街沿线红墙

图 2-6　北京长安街沿线某建筑

（1）光造型

光造型就是利用一个三维的光形体来表达设计思想的方法，有抽象与具象两种表现方式，通常多用于景观灯和雕塑小品等小体量载体的设计，而且具象表达的案例较多。这种具象的光造型构成通过具象的光形体直接传达出设计师的设计思想，不需要人们去猜测，只需要去联想即可，如图2-1所示。

此外光还可以构成更大的空间，如图2-2所示，就是通过无形的光来塑造有形的空间，也称为空间构成，照明设计的空间构成是从立体感觉出发，研究抽象的立体形象所具有的照明艺术形式美，因此着力点在于塑造具备艺术感染力的空间形象，而不是通常意识上的形状或形体。而且由于"光"的透明性质不易产生空间实体。因此，光所塑造的空间大多为虚空间。虚空间也就是心理空间，它更有利于营造具有艺术效果的空间氛围。

（2）光构图

光构图就是利用光塑造一种具体的物质形态，如植物、动物、人物等，用以表达某种设计思想的方法，如图2-3所示，其也具有抽象与具象两种表现形态，通常用于照明效果的二维空间组织，且多用于多载体景观元素的景观统合设计，现实中具象表达的案例较多。它与光意象有诸多联系，总之，这种光构图构成就是通过具象物体的光形体表达，传达出设计师的整体设计构想。光构图是照明设计的最基本的手法之一，其应用小到一款景观灯，大到一个平面或者一个空间，如图2-4所示。光构图多采用意象的方式构成，按照意象表达的直白程度，将照明设计意象的构成分为直喻、比喻、隐喻三类。

（3）光韵律

设计中常用的规律性构成包括重复和渐变两种构成手法，其特点是构成严谨，构成要素都是在大的统一关系中求变化，相互之间有很强的联系，显得非常有规律，因此很容易建立秩序性，所以在变化和统一这对矛盾中，统一占据了主导地位，故在利用光韵律进行照明设计时，重点在于追求效果的和谐。

韵律的本质就是"重复"，而重复是指同一基本要素的反复出现，所以重复构成自然而然地具有韵律感。可以说重复构成是最简单的构成，因为它的基本形相同、重复构成才很容易取得统一的效果，显示出简洁、平缓和混同的形态特征。在统一的韵律下，重复构成的着力点在于变化，以创造各种要素及图底关系的丰富感。

韵律也可以叫旋律或节奏。所谓的光韵律构成，就是让光以一种规律的形态出现，起到一种表现景观，渲染环境的作用，如图2-5所示。

而在景观照明设计中，渐变无处不在，首先"光"本身由于投射距离的远近而产生的衰减自然就具有了渐变的特质，另外，光源的从小到大、从高到低、从上到下的不断变化也都属于渐变的范畴。因此渐变是基本形逐渐的、顺序的做有规律的变化，从而可使构成产生自然有韵律的节奏感。渐变构成可以通过视觉元素的大小、形状的渐变来完成。基本形的各视觉元素均可以作为渐变构成的基础，通过其不同组合方式形成焦点和高潮，可造成起伏感、进深感和空间运动感等多种视觉效果，因此渐变构成是一种复杂的光韵律构成，如图2-6所示。

图 2-7　北京长安街沿线某建筑

图 2-8　亮度对比（北京长安街沿线某建筑）

图 2-9　光影对比（北京长安街沿线某建筑）

图 2-10　光色对比（婺源某桥梁）

图 2-11　广州某传统民宅

图 2-12　云南某传统民宅

（4）光对比

光对比构成与光韵律构成正好相反，后者是通过视觉元素的规律性变化，在统一中求变化；而前者是通过视觉元素的某种变化，在对立中求统一，其自身也存在某种构成规律，如图2-7所示。照明设计中常用的光对比构成有以下三种：亮度对比、光影对比和光色对比，它们都是利用光的基础特性或参量间的对比形成统一的视觉效果，如图2-8～图2-10所示。亮度对比是通过亮度而不是用色彩的变化来求得表现层次的变化；光影对比则是利用光影变化所形成的形态或光影间的变化节奏表现层次的变化；光色对比则直接大胆地用不同色彩来表现各种层次的变化。

3. 照明设计创意

任何涉及视觉形态方面的设计，都离不开形体的塑造，而形体的塑造又不可避免地涉及形式与样式，其所出现的具体形体必须被公众所接受，它取决于公众的意识，而公众意识来源于日积月累的"习惯定势"。虽然个体的习惯定势难以评判，但公众的习惯定势则表征着对地方文化习俗的一种认同，这种被认同的文化习俗在设计形体上表现得越充分，越能够体现地方特色，也越能够展现设计师的创意能力的高超，目前展现地方特色的设计原则已成为共识。

众所周知，景观照明需要依附在载体之上，诸如所需依附空间区域的景观设计都已携带并融入了设计文化或地域文化的思考与元素，那么我们的照明设计就不可避免地需要展示这些，并在设计构思过程中去深入思考这些内容。因此照明设计时，应紧紧抓住当地独特的文化资源，从中吸收精华，并将它们表现在灯光效果上。

（1）光与文化

1）文化乃历史的积淀

照明设计理应传达的就是城市的一种特有的地域文化，如图2-11～图2-12所示的那样，城市是一部"凝固的历史书"，任何一个国家、地区在历史发展的过程中，由于地理、环境上的差异，以及特殊事件发生的偶然性，必然形成文化上的异同。随着城市化进程的不断深入，城市间的差异似乎越来越小，唯有文化间的差异是永恒的。

2）文化具有可扩展性

然而文化又具有可扩展性。文化随历史的发展而积淀，人们总在不断地重新认识历史，也不断用当代眼光审视文化，每个地区在发展自己文化的同时也会学习其他地区的文化，这种学习的过程是促使地域文化不断发展的动力和原因，因此可以说历史是发展的，文化必然也是发展的，文化的发展具有异文化相融的特征。

3）地域文化具有生命与个性

正是由于地域文化的差异性，才形成了文化上的特殊性，才拥有了个性与文化资源的独占性，也正是由于这种特殊性才使得文化具有不可替代性和不可复制性，并具有了生命的特质，从而形成了独特的价值和公众意识认同的"习惯定势"。

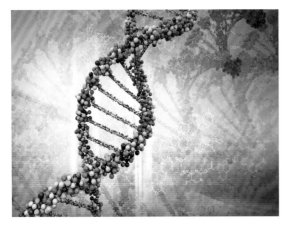

图 2-13 基因示意图

图 2-14 云南某现代建筑

图 2-15 2005 爱知世博会中国馆白景

图 2-16 2005 爱知世博会中国馆夜景

图 2-17 2005 爱知世博会印度馆白景

图 2-18 2005 爱知世博会印度馆夜景

4）地域文化蕴含文化基因

由于地域文化的异文化相融性，相异的部分才构成所谓的特殊性，而这正是地域文化的文化基因，如图 2-13 ～图 2-14 所示的那样，它具有延续性与相对稳定性。这里我们借助了生物学的概念，任何一个地域文化，都是由若干具有特殊性的文化基因所组成，而光文化表现时，就是要表现这些文化基因，这样才能表现出地域的特征。

照明设计时，唯有从文化的层面加以挖掘，从中抽取地域文化的基因，依托载体的特有形态，通过灯光加以适度表现，借助光传达文化的信息，才能形成传达更高意境的景观效果，总之，融入了地域文化且创意独特的照明才能给人们留下最深刻的印象和无尽的遐想。

（2）光文化与设计创意

设计是一种感性和理性相结合的创作过程，设计的核心在于创意，其魅力也在于创意。创意既有构思的成分，又有创新的色彩，是创新与构思的结合体，是以写实化的意境来表达某种观念、思想，而地域特色恰恰是设计创意的核心。

照明设计的创意主要体现在设计意象的构思方面。"意象"是一个抽象的概念，是物象与情意的融合。"意"源于内心并借助于"象"来表达，"象"其实是意的寄托物。它并不是明确的具体实施方法，而是一种方向性设计理念。有了这样一种意象，我们就有了设计的灵魂，才能引领照明设计不断地深入明晰。意象的确定需要设计师在反复分析照明结构与载体要素、深入挖掘地域文化、抽取地域文化基因的基础上，通过理性判断与创造性的联想，反复提炼照明结构，将无序零散的照明要素梳理组织起来，最终形成最合适的夜景观意象。

夜景观作为文化的载体，光传达着文化的信息，如图 2-15 ～图 2-18 所示的那样，只有在挖掘文化表象的基础上，通过光加以刻画与表现，才能塑造具有特色的艺术效果。就景观照明而言，设计中如何表现地域文化与特色，不论从什么角度来看，都必须根据设计对象的性质、功能以及环境状况的分析，确定适宜的表现方式与重点表现的对象，景观照明只有与地域文化有机结合，并通过光的语言，合理利用照明器具，才能创造良好的夜景观效果。

历史是文明发展的历史，历史可以给出创作的灵感。在进行照明设计时，要深入寻找隐藏在各种现象背后的本源——地域文化。每一个国家、地区都有由当地发展而来的特定地域文化，正是这种文化的差异性，造就了各个国家、地区之间的差异。寻找当地历史与文化发展的特色，汇总深入分析，萃取过滤，有助于照明设计时进行方案的构思，并把握地域文化的精髓，创造出当地的、民族的、特有的"光文化"表达，实现光与文化的融合。在对各类载体的照明设计中，充分运用"光文化"设计理念，会使得设计对象具有更加深厚的文化内涵。

融入光文化理念的照明设计，是光环境建设从具体的物质和技术层次向精神与文化层次的本质跨越，使以景观照明为核心内容的灯光建设不仅仅满足于创造高水平的城市环境要求，更是弘扬和创造城市文化特色的重要传承物，它意味着城市光环境的营造从认识、理念和具体手段上的跨越，也标志着独具特色的照明设计理论的形成。

工作阶段		工作内容	工作目的	表现程度
设计分析	基础分析	设计范围深度	明确与确认设计的范围与深度	●
		项目区位分析	了解它与周边环境的相互关系	●
		景观结构分析	了解设计对象各空间的使用功能	●
		设计文化分析	了解当地及景观设计主题相关的文化元素	◎
	技术分析	载体形态分析	了解设计对象各空间内载体的形态特征	●
		载体细部分析	了解载体的表面属性、细部构造	◎
		内外交通分析	了解使用人群使用空间的行为模式	●
		人流视线分析	了解使用人群的主要视看对象与视看模式	●
照明规划	照明分析	照明设计原则	照明设计主要考虑方面的解决原则说明	●
		照明设计理念	照明设计的设计定位说明	●
		照明设计依据	照明设计所参考及依据的内容说明	●
		照明结构分析	确定各类景观区照明的主次与空间联系	◎
	照明规划	照明设计意象	表述设计空间照明的形象与表意	◎
		照明结构规划	优化确定设计空间内的照明空间架构	●
		照明亮度规划	照明强度的量化控制	●
		照明光色规划	照明光色的量化控制	●
照明设计	照明创意设计	节日照明效果表现	节日整体照明效果的说明与展示	●
		平日照明效果表现	平日整体照明效果的说明与展示	●
		景观中心照明效果表现	景观中心照明效果的说明与展示	●
		景观轴线照明效果表现	景观轴线照明效果的说明与展示	◎
		（轴线上）重要节点照明效果表现	（景观轴线上）重要节点照明效果的说明与展示	●
		其他（独立）节点照明效果表现	主要（独立）节点照明效果的说明与展示	●
		主要出入口照明效果表现	主要出入口照明效果的说明与展示	●
		功能照明效果表现	功能照明效果的说明与展示	●
	照明技术设计	照明控制与节能环保设计	照明控制与节能环保设计举措的说明	●
		光源与灯具选型	光源与灯具选型的说明与展示	●
		灯具布置设计	灯具布置位置的标示与说明	●
		线路布置设计	线路布置方式的标示与说明	●
		灯具图例表	所有使用灯具相关内容的说明汇总	●
		照明计算	照明设计的技术复核	○
		工程概算	项目使用费用的概略与说明	○

注：●表示必须表现；◎表示可根据具体情况决定是否表现或单独表现；○：表示自由裁量是否表现。

4. 照明规划设计

　　对于一个城市的公共空间（如城市广场与公园绿地等），由于其通常面积较大，内部功能复杂、功能分区多样，且涉及的载体众多，要实现良好的整体照明效果，就必须友好地统筹这些区域与景观要素，这就意味着需要全盘考虑，也就是所谓需要整体的照明规划，当然它也是这类照明设计的核心工作之一。这就相当于处理树木与森林的关系，从宏观上讲，设计时不能只见树木不见森林，否则无法实现良好的夜景观整体效果，必须先从"森林"的层面对空间有一个总体的把握，确定一个合理的照明布局，然后围绕使用功能、设计主题和总体布局，再展开各分区、各细部的照明设计，否则设计出来的夜景观效果必然是散的，也难以形成良好的整体效果。

　　众所周知，良好照明设计的前提是对设计对象的全方位、透彻的了解，这离不开对设计空间的深入细致技术分析，因此在进行照明规划设计时，首先应进行相关的各类分析，在充分分析的基础上，根据各区域的使用功能要求，确定相应的功能性照明的需求，在此基础上，再考虑各区域载体的分布状况、人流视线的焦点、视觉效果的进深、视觉走廊的延展、景观分布的节奏、整体分布的均衡性，以及地域文化的考量与景观设计主题的呼应等方面的状况，经综合考虑后确定整个区域的照明结构与规划布局。一个完整的照明规划设计工作的主要内容见表 2-2。同时为便于考生实操考试的准备，还一并给出了考试时应表现内容的建议，其中●表示的内容必须完成；◎表示的内容可根据具体情况决定是否表现或是否单独表现；○表示的内容可选择做否。

　　（1）设计分析

　　设计分析是照明设计的前期针对设计对象所作的相关分析，它包括基础分析和技术分析两大类。所谓的基础分析就是针对设计对象的景观设计与相关环境所作的分析，这里环境分析既包括客观环境也包括主观环境，具体包括涉及范围深度、项目区位分析、景观结构分析和设计文化分析。而所谓的技术分析是基于照明设计的特点与属性所作的相关技术性分析，包括载体形态分析、载体细部分析、内外交通分析和人流视线分析。

　　（2）照明规划

　　在前期设计分析的基础上，结合具体的设计空间，根据其用地情况、使用性质、景观布局以及设计目的等各方面的信息，经过深入的思考，确定最终的设计定位，亦即夜景观所应体现的精神与风格。在此设计思想的指引下逐步深化构思，最终完成设计对象的照明规划。

　　1）照明区域确定

　　首先设计应根据空间各区域的使用功能，确定需要提供功能照明和景观照明的区域或节点，完成照明结构分析。这些区域或节点的选取可依据如下原则进行：有景观设计相关资料的情况下，可根据景观设计的说明和设计图纸予以确定；没有景观设计相关资料的情况下，可通过实地考察，根据景观的分布状况和硬质铺装的类型与面积，以及使用人群的行为观察，经过思考综合判断确定。总之，在尊重景观设计师设计创意的前提下，明确设计空间各空间节点的照明主次关系和景观轴线关系。

部位	处理手法	示例
入口照明	入口通常都是景观性和功能性要求较高的重点之一，除借助相关的建构筑物等载体表现景观照明效果之外，最好能将功能照明与景观照明结合在一起，使之既能解决功能照明的问题，又可以为内外部景观照明做出贡献	
区域照明	公共空间通常都划分为若干功能或主题区域，各区域通常主题载体有所不同，如建筑物、亭台楼阁、景观墙、大型雕塑等，照明设计时应深度挖掘和表现主题载体，同时再调动周围辅助载体（如植物、水体等），从而形成主题明确的景观照明效果	
景观中心	景观中心通常属于景观区域中的一个，但由于其具有设计空间中统领全局的地位，通过对其"精致"的照明设计可以起到画龙点睛和点明设计主题的作用。景观中心的照明设计是设计空间各区域或节点设计的重中之重，是整个设计过程中最精华的部分	
通路照明	公共空间的通路部分，一般除提供功能照明外，还应利用沿线的各类载体为通路提供必要的景观照明，但当通路自身和路边局部区段没有任何可供利用的载体时，也可设置景观灯或在路面上作一些装饰性的光构图处理	

2）照明结构规划

照明结构规划是基于照明的特点与规律以及照明设计师的设计创意所作的源于"景观设计"又高于"景观设计"的夜景观艺术再创造。由于照明结构规划是建立在照明结构分析基础之上的艺术再创造，因此必须尊重照明结构分析的结果，而照明结构规划工作的重点是空间结构关系的优化与组织。通常将设计空间内各类景观节点与载体按系统组织为景观中心、景观轴线、独立节点、主要出入口等。规划时并不仅仅只是考虑各个节点载体的因素，而是从照明的功能性与景观性出发，综合考虑安全、效果、城市夜景观贡献、节能等因素后得出的整体考虑。当然在规划的过程中，仅仅通过空间组织来表现设计空间的结构是远远不够的，因为这仅仅表达了设计空间的"形"，更重要的是要凸显设计空间的"神"，也就是突出夜景观所呈现和表达出的意义，使之成为人们解读空间结构的视觉引导。为了优化和"升华"设计空间夜间的空间结构，对照明设计意象的构思与思考是必不可少的设计创意工作，只有通过构思巧妙且蕴含文化想象力的意向形态表现，才能形成"形神"兼备的夜景观效果，从而体现设计的内涵与特色。经过如此"脱胎换骨"式的艺术再创造所确定的最终设计空间的照明空间架构，便形成了随后各节点或细部照明设计的"纲"与统领。

3）照明技术规划

照明技术规划是对照明规划的技术控制，它是照明效果的如期实现与夜景建设科学合理的技术保证。具体来说就是根据照明结构规划的要求，以及夜景观表现的整体构想，针对表现要素——光提出具体的技术控制参数。由于光的强度与色彩是决定光属性的两大要素，因此需要针对其做出具体的技术控制，那就需要分别完成照明亮度规划和照明光色规划两项工作。

照明亮度规划就是设计空间的亮度安排，规划的结果应实现在满足人们活动需要的前提下，存在亮暗的相互衬托，从而实现夜景环境亮与暗的艺术配合，同时达到观赏夜景的明亮感觉与经济节能之间的优化，即在满足基本的功能照明需要的前提下，使景观照明以合理的"光亮"呈现。照明规划的核心内容是照明结构体系的建立，所以其亮度规划也就决定了设计空间的整体亮度环境及其亮度分布的格局。

照明光色规划就是设计空间的光色安排，规划的结果应实现"恰如其分"的照明环境氛围塑造，就是在照明结构体系的基础上，进一步做出符合审美要求的光色控制，从而塑造夜景观的个性魅力，提升整体形象。光的色彩是景观照明中重要的表现手段，能够起到吸引视线的作用，它不仅可以反映夜景观的多姿多彩，而且还能够增加方位或方向的识别。但彩色光的过多使用，却可能对夜景观起到负面的影响，降低夜景观的整体品质。

（3）照明设计

照明规划完成后，就可以根据规划所确定的夜景观意象，以及照明亮度规划和光色规划的要求，首先考虑表 2-3 所示的主要景观部位的照明设计，在具体的照明设计过程中，需根据各部位的载体分布、形态特征与景观设计主题展开相应的照明设计。这些部位都是照明的重点，也是照明的出彩点，因此照明设计需"精雕细琢"。

部位	处理手法	示例
设施照明	公共空间中一般都还会存在一些小体量的人工设施，如雕塑小品等，它们通常都是各类公共空间的点缀，照明设计中应充分利用一切人工设施的照明，再辅以植物照明，通过两者的组合形成更为丰富多彩的景观局部效果	
植物照明	公共空间的植物照明大多以配角的形式出现，但有时也会因背景气氛塑造的要求或弥补局部区域载体不足而单独出现，因此照明设计时应根据植物照明在整体设计中的角色要求，选择适宜的亮度和色彩，以及具体的表现方式	
水体照明	水体区域通常也是公共空间中照明设计的重点之一，水体在所处的景观环境中有时会成为视觉中心，有时则可能只作为某种景观背景而存在。水体景观照明应视其在环境中所处的地位而确定，具体采用何种景观照明方式取决于水体形态	
山体照明	对于存在山体（或部分）的情况下，山体夜景观塑造的传统做法是把山体植物和亭子等照亮。但当山体体量较大时，这样的照明方法不利于节能，因此在山体照明设计时，可以采用多种手法，利用巧妙的创意，同样可以实现良好的照明效果	

当然为了保持夜景观的新鲜感，造成富有变化的夜景观效果，以及实现照明节能环保的要求，通常将景观照明的效果分为平日与节日两种类型进行表现，有时也分为平日、一般节日及重大节日三种类型。显然不同时段的夜景观效果应有所不同，节日的照明效果是照明"最出彩"时刻的照明景象描述，平日的照明效果是照明"常态"时刻的照明景象描述。设计时应予以区分，以烘托出不同时日的气氛和有利于节能环保。

在进行照明设计时应重点关注景观中心和景观轴线两大景观构成核心元素的照明效果表现，因为它们是照明设计的重中之重，具有设计空间夜景观的核心与统领地位，其设计应充分体现设计者的设计思想与精髓，因此有必要多花气力、集思广益，从而获得最优的设计方案。下面重点介绍这两部分的照明设计。

1）景观中心

景观中心的形成多利用光对比的形式，最常见的形式是与整体形成对比，这种对比形成主从关系，往往景观中心成为强调的主体，整体部分成为从属的背景。景观中心通过改变、转移背景的构成规律，达到既醒目，又不失整体统一的效果。景观中心的构成主要表现为在基本形中纳入少量特异形，使视觉元素形成局部的突变，产生个性化的效果。对于一个或大或小的公共空间，为避免景观照明效果"发散"，需要塑造一个景观中心，以起到画龙点睛和点明设计主题的作用。

景观中心的形成方法多种多样，既可以为一个点、也可以为一条线或一个面，但大多以广义的点形式出现，但须注意单独的点从背景中跃出，居于场景中心位置，则与场景周围空间发生作用，与场景的空间关系易显得和谐；如果场景中有另一个点存在时，便形成了两点之间的视觉张力，人的视线就会在两点之间来回移动，形成一种新的视觉关系，而使光与背景的关系退居第二位，视线集中关注于两点自身，而当两个点有大小区别时，视觉就会由大向小移动，潜藏着明显的运动趋势和线的联想；而当场景中有三个点时，视线就在这三点之间移动，令人产生三角形面的联想。

2）景观轴线

景观轴线就是设计空间中统领某一设计主题的景观带，它通常串接若干景观节点，构成了设计空间的视觉走廊，具有设计空间夜景观的次核心与统领地位，通过对其"准确"的照明设计可以起到明晰设计主题和把控景观节奏的作用。设计师应通过巧妙的构思，将若干节点有机地联系起来，让人产生"步移景异"的照明视觉效果。由于设计时不可避免地会受到各节点的位置距离、载体形态、节点分主题、道路连接方式等的制约，都可能会影响到方案的表现方式及轴线的虚实构成等。

此外，公共空间内还会存在一些自然的、次要的及点缀局部的景观载体，如自然的山体、水体、植物，以及亭、碑、雕塑小品、文化石等，这些都是公共空间的常见景观元素，数量随城市公共空间的使用功能不同而多寡不一，在公共空间中常常起到背景或点缀局部空间的作用。照明设计时，不能忽略了这些难得的景观表现载体，除需要巧妙地处理这些"小景物"外，还应处理好环境的陪衬作用，应力图促使主体设计景观的照明与环境的和谐共生，具体照明处理措施见表2-4。

类型	载体形态特征
市政广场	市政广场是以公共集会游行为目的而设置的城市公共空间。市政广场为体现宏伟、庄严的气质，广场形态一般方整，且有明确和规则的几何构图和对称性，此外，一般在广场中心处设置雕塑、纪念碑、旗杆、水系等景观物，体量不大但足以构成视觉中心，两侧及周围还会设置一排或多排阵列式树木或旗杆等，某些情况下还会在周围设置小型喷泉及用花坛绿地所做的空间围合。广场周边一般被建筑物所围合，主体建筑物相对来说体量较大，且形体方正、简洁大方，而其他的建筑物则形体多样
纪念广场	纪念广场大多是以纪念历史人物或事件为目的而修建的城市公共空间。纪念广场目的明确，广场上的建筑物大多以历史文化遗址，纪念性建筑为主。根据其纪念性质的不同，建筑类型、形态、体量均不尽相同。广场也可不设建筑物，而是在广场的中心建立纪念物，如纪念碑、纪念塔、人物雕塑等，体量虽小但也构成视觉中心，使其纪念性质明确。某些纪念广场会设置围合空间的廊架，周围散落着一些点缀的装饰性小雕塑或构筑物、植物，以更好地烘托气氛，体现广场主题
交通广场	交通广场是以组织城市局部交通为目的而修建的城市公共空间。广场大多以硬质铺地和植栽绿化为主，广场中心一般设置小型雕塑及小品等小体量构筑物。另一种类型为各城市的站前广场，广场大多不做过多装饰性景观，以满足人流和车流的需要。一般设置交通指示牌，道路交通标线等交通诱导系统。与车站或航站楼相连接的部位一般设置连廊以遮蔽风雨，广场周围亦会设置少量的绿化及小品景观，但不作为重点景观
商业广场	商业广场是以供人们购物、娱乐、餐饮、商品交易活动为目的而修建的城市公共空间。对商业广场来说，主要是由商业建筑和各种硬质及软质景观所组成。硬质景观主要为硬质铺地，各种情景小品雕塑，休息座椅组成，有时在广场前还设置小型喷泉或花坛供人们在此停留嬉戏。软质景观主要为广场周边或商业街沿街的低矮灌木，小型盆栽或草坪植被。建筑一层通常设置展示橱窗，立面上设置广告牌
休闲广场	休闲广场是以休闲、娱乐、体育活动及小型文化娱乐活动为目的而修建的城市公共空间。休闲广场因其休闲娱乐的性质，一般类型多样，有结合城市中的滨水休闲空间或山体观光游览空间而建的，也有在城市出入口处而建的。广场上很少有建筑，以种植绿树、植被等绿化为主要景观载体，树种多为乔木，并合理搭配花灌木及地被。有时还利用廊亭、天然植被及自然石等作为装饰。城市休闲广场中一般还设置各种服务设施，此外休息座椅，廊架，绿篱，花坛等作为休闲广场中必不可少的景观要素也起到了装点广场的重要作用

第二节　广场照明设计

城市的发展离不开城市广场，因为城市广场不仅具有重要的功能性意义，而且在城市中还具有重要的象征意义——它既是展示一座城市的窗口，又是这座城市整体形象和面貌的客观反映，广场已成为城市生活的中心，不但是人们进行约会、交友、辩论、集会的场地，同时也是体育、节庆、戏剧、演说等比赛的舞台。随着时间的推移，广场已成为城市象征的一部分。

1. 广场的载体形态特征

伴随着城市的发展，城市的功能日趋复杂化，自然形成不同使用功能的城市公共空间，其中最主要的一类便是城市广场，依使用功能的不同，城市广场通常可划分为市政广场、纪念广场、交通广场、商业广场和休闲广场等几种类型，各类城市广场的载体形态特征见表 2-5。

正是由于使用功能的不同，必然导致载体形态的诸多不同与变化，例如市政广场通常位于政府门前，且多居于城市中心，周边各种建筑物形成围合的态势；而休闲广场则以自然的植被为主，其间点缀一些服务类及景观类的人工设施，周边即使有建筑通常也由于树木的遮挡而难以看到，这是由于使用功能的不同所造成载体的变化，加之由使用功能所演化出的氛围要求的差异，必然造成照明设计上的表现重点、难点的差异，因此在照明设计之前首先有必要对各类不同使用功能的城市广场的载体形态特征有所了解，通过这些知识可以帮助设计师抓住重点，表现设计对象特征，更好地实现所需的夜景观氛围，从而创造出优秀的设计作品。

2. 设计相关要求

城市广场是城市空间中最具公共性、最富艺术魅力，也是最能反映城市文明和气氛的开放空间，俗称城市的客厅。所以在广场的照明中，任何种类的光源和任何形式的灯具都有可能发挥其用武之地。不同使用功能和性质的广场需要体现其特征氛围，照明设计应实现适合于广场性质的气氛和与其功能相适宜的景观照明氛围。

无论哪种类型的广场，其照度水平、亮度分布以及照明氛围均是塑造广场夜景观形象的基本照明要求，即功能照明健全、亮度分布适宜、环境氛围适度。这三者的要求很难完全割裂开来处理，三者是相互影响的，一般来说，前两者更多涉及技术方面的要求，而后者则更多涉及创意方面的要求，但无论如何，照明设计时都必须解决和处理好三者的关系，这样才能做出一个好的广场照明设计。

（1）技术要求

城市广场的照明设计是一个相对复杂的设计，但技术要求相对简单，只有水平照度的要求，然而景观效果的设计却并不简单，一则广场面积相对较大，二则广场载体类别相对较多，因此要确定适宜的广场内各区域的照明关系，使之既要满足各分区的功能要求，又要满足广场整体及局部的文化、象征意义的表现。这些确实是一个较为复杂而颇费匠心的工作，因此设计师需要在掌握技术要求的基础上，灵活运用设计原理，才有可能设计出良好的城市广场夜景观。

1）照度水平

具有足够的照度水平是保证广场可见度的前提，也是保证人们在广场中活动的安全需要，它具有典型的功能照明的意义，因此广场内的绿地、人行道、公共活动区及主要出入口的照度标准值均应符合《城市夜景照明设计规范》JGJ/T 163-2008 的规定，见表2-6。此外，广场地面的坡道、台阶、高差处应设置照明设施，此地段的水平照度应控制在 40lx 左右；垂直面照度应控制在 20lx 左右。这部分数值由于《城市夜景照明设计规范》中没有具体给出，此处参考 CIE 的标准，给出了上述具体的建议数值。照明设计时应本着以人为本的原则，提供上述特殊场所的照明需求。

广场绿地、人行道、公共活动区和主要出入口的照度标准值　　　　　　表2-6

照明场所	绿地	人行道	公共活动的区				主要出入口
			市政广场	交通广场	商业广场	其他广场	
水平照度（lx）	≤ 3	5 ~ 10	15 ~ 25	10 ~ 20	10 ~ 20	5 ~ 10	20 ~ 30

注：人行道的最小水平照度为 2 ~ 5lx，且最小半柱面照度为 2lx。

一般情况下，由于广场的照明设计主要目的是塑造广场的形象，以形成广场特定的环境与氛围，所以表面上看，广场照明设计的主要任务是景观照明设计，但设计师头脑中应明确一点，那就是功能照明首先必须 "解决掉"，随后才是如何做好景观照明设计的问题。当然也不能顾此失彼，毕竟广场是城市的客厅，因此就业主来说，他更关心的是景观照明的效果。

规范将广场内的平面划分为三种使用类型，即绿地、活动区域（公共活动的区）和相互间的连接通道（人行道），分别给出了相应的照度标准值，且除绿地部分之外，均以水平照度值变化范围的形式提出了技术要求，当然绿地部分考虑到节能的问题，给出的是照度的上限值，因此绿地可以进行照明，但要对照度进行控制，不能太高。

2）亮度分布

城市广场一般空间尺度较大，通常广场景观设计中大多已将其划分为若干使用功能区，因此照明设计时，大多也是分区域考虑照明需求的，一般不会将广场的各个部分均匀照亮，而是将不同区域以及不同照明元素分等级和分层次地进行亮度处理，这样可以使整个广场主次分明、重点突出，也有利于形成丰富的景观照明层次，还可以将光有效地照射到有功能需求的部位，有利于节能环保。

从景观照明设计来说，就是应该有一个合理的规划，使广场整个空间有一个合理的、有规律的亮度变化，以便使夜景观层次丰富，且效果优美。另一方面从节能角度讲，也没必要将广场全部照亮，假设在广场上找不到一处可以说点悄悄话的地方，那也许会让部分年轻人失去在广场上停留的兴趣，那将多么遗憾，关于这一点在设计时应引起设计师的足够重视。

影响亮度布局或分布的主要因素有广场各使用分区的功能照明需求，以及广场效果的整体构思，包括艺术构想和文化表现。另外，还需要注意一个区域内各载体亮度的把控问题，这是一个涉及人类视觉特性的技术问题，即所谓的主观亮度的问题，表征人眼所观看物体的效果会受到背景的影响。因此当一个区域需要塑造一个视觉中心时，对于其亮度的把控需要考察环境亮度的状况和设计构想来确定，一般来说，如果希望设计目标物与背景产生强烈的对比，能够从背景中"跳出来"，则可控制目标物亮度与背景亮度两者之间的对比度在 20 ～ 30；相反，若希望设计目标物与背景相协调，则可控制目标物亮度与背景亮度两者之间的对比度在 3 ～ 5。换言之，若希望获得强烈对比，对比度取前者；而若希望获得微弱对比，则对比度取后者。

（2）设计要求

广场是城市文明的窗口，不同类型的广场要求形成不同的空间氛围，如市政广场需要形成宏伟、庄严、神圣、辉煌的气氛；而商业广场则要求形成热烈、繁华、火热的商业氛围等。通常照明设计中的光色选择、灯具样式、照明方式等都会对广场的照明氛围形成直接的影响，特别是动态的彩色光更易于渲染出节假日广场上欢乐、祥和的气氛。

作为设计的一般原则，不论何种类型的广场，广场照明所营造的气氛应与广场的功能及周围环境相适应，亮度或照度水平、照明方式、光源的显色性以及灯具造型都应体现广场的功能要求和景观特征。此外，应对绿地、活动区域（公共活动区）和相互间的连接通道（人行道），以及广场内外的建筑物统一考虑，特别对某些广场内的特殊景观元素更应从全局、整体的角度考虑，从而使广场内各区域、各类载体的照明能够保持相互和谐的关系。

对于广场内经常使用的动态和彩色光，应保持审慎的态度，因为它具有"双刃剑"的作用，处理不好反倒会产生庸俗、甚至不雅的评价，因此设计时应格外谨慎。当然即使选用动态和彩色光照明，也不宜在重大活动或重大节庆以外的时日经常使用。

对于广场所使用灯具的选用，应注意兼顾功能性与景观性的问题，除具有良好的装饰性外，并应满足功能要求。为了减少广场上的灯杆数，应尽量兼顾两者的要求。此外须注意广场选用灯具应具有合理配光，上射光通比不允许超过 25%，且不得对行人和机动车驾驶员产生眩光和对环境产生光污染。

此外对于两类功能较强的广场，如交通广场（机场、车站、港口等）和商业广场的照明，应注意和尊重其功能的要求，并使照明尽量与使用功能有机结合，从而保证广场的夜景观以应有的面目出现。一般而言，交通广场的照明应以功能照明为主，出入口、人行或车行道路及换乘位置应设置醒目的标识照明；使用的动态照明或彩色光不得干扰对交通信号灯的识别。而对于商业广场的照明应将商业街建筑、入口、橱窗、广告标识、道路、广场中的绿化、小品及娱乐设施的照明统一考虑，重点考虑借助各类广告照明来形成相互协调的夜景观效果。此外各类广场通常都是人们聚集活动的场所，在选择功能照明用光源时，还需注意显色性的问题，通常应选用显色指数 65 以上的光源。由于这一点在夜景照明规范中没有明确提出相关要求，因此常常被设计师忽略。

3. 设计注意事项

广场景观照明设计是最考验设计师设计能力的一类设计，因通常广场面积大，载体种类多且相对集中，因此如何在把控各区域功能照明要求的同时，又创造满足广场类型与地域文化的表现，确实不易。设计师应在明确广场类型的基础上，全方位考虑广场内外环境的状况，并经过合理规划后，在充分调动广场的所有照明载体的条件下，才有可能使景观照明效果适合该类广场的"气质"。因此设计师需要在掌握技术要求的基础上，灵活运用设计原理与设计方法，并结合设计对象的载体特征，设计出良好的城市广场夜景观。

（1）市政广场照明

市政广场是国家或城市的象征，具有一定的政治性、民主性、公共性以及城市性等特征属性。这种广场的属性决定了其尺度一般比较宏大，希望形成宏伟、庄严、神圣、辉煌的夜景观气氛。照明设计时应注意以下几点：

1）广场一般有比较规则和明确的几何构图，照明设计中应该对其进行强化，通过光源、灯具等的选择和布局，很容易使广场原有的几何构图得到强化，从而给人们一个更加明确和清晰的构图印象。并通过照明光色的合理运用，表现出应有的广场气质与氛围。

2）广场一般具有明确的重点或者中心建筑（如主题雕塑、建筑），照明设计时应做到重点突出，使广场的视觉中心落在重要的建构筑物上，以突出其中心地位，一般这些部位的亮度应与周围环境亮度形成强烈的对比。例如天安门广场的人民英雄纪念碑，天安门广场照明规划设计时已统一考虑了纪念碑、天安门城楼、人民大会堂和国家博物馆等周边建筑物之间的亮度关系。

另外视觉中心在夜晚还可以起到方位坐标的作用，由于广场体量较大，白天的方位判断有很多参照物可供参考，到了夜晚，只能通过光亮来提供方位参考。同样强化几何构图的目的之一也是便于夜晚的方位定标和疏散人流。

3）照明设计中应突出表现广场的主题，通过不同的表现手法强化广场的主题及夜景观效果。灯具布置应相对规整，以符合人们的活动需要及观赏视线、视角要求，避免产生影响人们观看效果的眩光出现。

市政广场一般是一个城市中最重要的广场之一，政府的资金投入也很大，因此设计时也需要花较大的气力和精力，一般设计分平日、节日两个模式来进行照明设计，以求得效果变化的多样性。由于该类广场的重要性和使用用途，业主会更多关注于重大节日时的夜景观效果。

（2）纪念广场照明

纪念广场在某些层面上与市政广场比较相似，只是这类广场的主题会更加明确一些。该类广场根据纪念内容的不同，希望形成明确的情感氛围和广场夜景观效果。照明设计时应该注意以下几点：

1）因为是纪念性广场，因此首先要考虑的是如何表现广场的主题，使之与广场的纪念性内容相契合。照明设计时，可通过特征载体的选择，以及适宜的灯光表现，以体现纪念主题的氛围，该表现肃穆的就要表现出肃穆，该表现热烈的就要表现热烈。

2）纪念广场一般都有明确地表明主题的建筑物或雕塑等构筑物，它就是景观照明的最重要载体，可根据载体的位置、体量与色彩选择适宜的光源与光色，加之适宜的投射方向进行照明表现，以便更好地表现特征载体、突出主题。

3）照明设计的功能性目的是为人们夜晚提供一个良好的观瞻条件，因为特征载体大多是立体的，因此照明设计时就必须要考虑通常的观瞻视线与视角，布灯时一定要避免眩光给观者带来的不舒适感。

（3）交通广场照明

车站、码头、机场等都会存在一个站前广场，即一个交通性的广场，它们是城市的门户，也是进出城市的人们大量聚集的场所，对于外来人流来说，这些广场是他们对城市形成第一印象的场所，对于将要离开的人们来说，是在这座城市活动的告别场所。照明设计中应注意解决如下问题：

1）对于人车集散的交通广场来说，主要为人们提供步行空间的照明，首先要满足功能性要求，且应选用显色性良好的光源，显色指数建议不低于75；而为车辆提供通行的空间或道路的照明，则应主要考虑采用高效光源，以保证行车安全与便捷。

2）交通广场的照明设计应具有明确的指向性，尤其对于不同功能空间的出入口、通道等部位，应做到无论对场所熟悉与否，都能通过观察，利用照明设计中的指向性照明，方便快捷地对不同的功能空间进行辨认。此外应注意避免广告照明使人产生纷乱、无序的感觉，以及对照明指向性的破坏。

3）交通广场的景观照明设计应以主体建筑为主，再配合周边建筑以及广场内的地面等部位的灯光处理来渲染广场整体的氛围，当然必要时也可以增设少量的景观灯或灯光雕塑，以起到画龙点睛，提升广场整体夜景观效果的作用。

（4）商业广场照明

商业广场一般与商业建筑相连接，供人们购物时的短暂休憩和通行之用，由于该地段"寸土寸金"，因此商业广场一般面积不会很大，但人流量相对较大。照明设计中应注意以下几点：

1）照明设计应体现商业广场的特点，并与周围的商业建筑及店面的照明相协调，统一考虑整个商业区域的照明效果。不仅仅考虑广场自身平面上的处理，还要考虑周围垂直面上的处理。

2）商业广场既要求有足够的照度，又要求商业氛围的塑造，照明设计时可重点突出商业广场周围店铺的店头、橱窗及立面广告，便于引导购物并塑造商业氛围。广场自身的亮度应适宜，以避免人们从商店出来时因为外面太暗而带来的视觉不适，以及由此可能带来安全隐患；但也不能过高，过高不利于节能，对夜景观效果也未必能带来正面的影响。

3）商业广场宜采用显色性较好、低色温的光源，这样易于形成热烈、繁华的商业气氛；局部也可以选择具有动感的彩色光，但是变化频率不应过高，以免给行人的视觉带来不舒适感和心理上的烦躁。

4）灯具应做好安全防护，避免行人触电和烫伤。很多设计师喜欢使用地埋灯，而此种灯具的安装方式是儿童可触及的，因此就有可能出现触电烫伤等安全隐患。如果一定要用地埋灯，则建议选用LED等发热量小的光源。

	公园绿地的载体形态特征一览表	表 2-7
类型	载体形态特征	

类型	载体形态特征
综合公园	综合公园分为全市性公园和区域性公园，且一般位于中心城区，临近城市主干道，交通便利。其特征是面积较大，内设多类型休闲、娱乐设施，有时甚至具有一些纪念性建构筑物等，因此设施种类繁多，故而由此得名 综合类公园的硬质景观种类庞杂，数量繁多，按其性质分类，主要分为服务类，观赏类以及游戏类设施。服务类景观主要有餐饮设施，以及供游人休息的座椅，健身器材等；观赏类景观主要为设置在园中的雕塑小品，花坛喷泉，或是其他一些契合主题的建构筑物等；游戏类景观主要就是园中设置的一些娱乐游戏类设施
主题公园	主题公园包括儿童公园、动物园、植物园、历史名园、风景名胜公园、游乐公园、体育公园、纪念公园、雕塑公园、湿地公园等。显然该类公园都是为某一特殊、专属目的而设立的公园，因此其内部设置的建构筑物类型、形态以及平面布局等都与其使用目的密切相关 由于主题公园按其公园的性质分为诸多种类，因此园中的主要硬质景观也就随着公园主题性质的不同而有所侧重。最常见的如历史名园、风景名胜公园，再如一些有特殊主题的公园，如儿童公园内的硬质景观和软质景观主要为符合儿童尺度的游乐设施、卡通形象的小品景观等；动植物园内的硬质景观通常为贴近自然的石质或木质人造景观；还有一些纪念性公园、雕塑公园等，主题明确，景观多为纪念性雕塑小品等
绿地公园	社区公园、带状公园、街旁绿地等都属于休闲类，绿地为主的公园，其区别主要体现在位置的不同和地形的不同而已。该类公园主要服务于周边居住区的居民，公园布局一般具有明确的功能分区划分，且通常设置有康体活动、儿童游戏等功能区及相应的常规设施。一般而言，绿地部分在园区内所占比例较大，且平面形态较为自由、开放 对于绿地公园来说，顾名思义，树木植被等软质景观占据了园中相当的比重，而硬质景观所占的比重相对较小。在社区公园中主要有供居民康体活动的健身器材和服务性的座椅等，还有部分专供儿童游戏玩耍的设施，但一般体量小、形式简单。如某些街旁绿地仅设置几排座椅和一些小型小品，或在绿地中设置小型假山石块，有时也会设置一些凉亭或雕塑小品等

（5）休闲广场照明

休闲广场主要是为人们提供休息、社交和举行小型文化娱乐活动所需的空间场所。照明设计时应注意以下几点：

1）休闲广场同样需要在照明上重点突出，以形成广场的核心，增加广场空间对人群的吸引力。广场也应有一个视觉中心，并应结合当地的生活特点、人文特点加以考虑照明塑造的问题。通常广场往往具有若干雕塑小品或构筑物，但一般体量较小，照明设计时可将这些载体作为广场或区域的视觉中心加以利用，但照明的表现应注意文化性的体现，要有品味。此外还应注意广场整体的合理亮度分布，以便形成丰富的照明层次。

2）照明设计应根据广场原有的空间或功能分区划分，如休憩、活动健身、年轻人交往等空间，有针对性地进行不同功能空间的照明设计，以形成各分区所需的照度要求和环境氛围。

3）照明应做到明暗适度，避免出现眩光，在人们进行活动锻炼的场所亮度可适当高一些，而在休憩的场所亮度宜适当降低。此外，应避免广场内灯杆林立，以免影响白天的效果，灯杆不应妨碍行人的活动和交通。

第三节　公园绿地照明设计

公园绿地，并非公园和绿地的叠加，而是对具有公园作用的所有绿地的统称。公园通常有较完备的设施和良好的绿化环境的公共绿地。城市公园是城市居民的主要休闲游憩场所，其公共空间及各类活动设施为城市居民提供了户外闲憩活动的基本条件。同时也是城市重要的开放性空间，用以展示城市文化风情，反映当地的社会生活和精神风貌，代表着城市的文化品位。

1. 公园绿地的载体形态特征

公园绿地内部的景观载体一般分为软质景观和硬质景观。软质景观包括植物、水体等，这些都是公园绿地的最基本元素，数量一般相对也最大。而对于硬质景观，如亭、景观墙、雕塑小品、文化石等，在公园绿地中常常起到画龙点睛和点明主题的作用。公园绿地按景观类型划分可归纳为三类：综合公园、主题公园（专类公园）及绿地公园（包括社区公园、带状公园、街旁绿地）。由于各类公园绿地使用功能的不同会造成载体和氛围要求的差异，必然需要照明设计上的差异化处理，因此在照明设计之前，首先有必要对各类公园绿地的载体形态特征有所了解，详见表2-7。

2. 设计相关要求

（1）技术要求

城市公园是城市空间中休憩功能最为综合的公共性开放空间，不同性质公园的照明设计虽大同小异，但公园的形态和主题毕竟千差万别，因此照明设计时还是应该表现出其特征氛围，以实现适合于公园主题的氛围与照明效果。

当然公园离不开绿地，无论哪种类型的公园，虽照明设计的重点在于硬质铺装区域，但如果缺少了作为配景的绿化照明的配合，同样难以达到完美的照明效果。同其他大空间的照明设计一样，人群活动区的照度水平、空间整体的亮度分布以及照明氛围的塑造都是最基本的照明要求。这三者是相互影响的，照明设计时必须处理好三者的关系，才能做出一个好的公园绿地照明设计。

1）照度水平

表2-8是《城市夜景照明设计规范》JGJ/T 163—2008对公园提出的照明设计标准，这个标准是以公共活动区域最小平均水平照度和最小半柱面照度作为指标的。对应的场所可简单划分为两大类：通行道路空间和活动空间，其中活动空间又细分为一般活动空间和儿童活动空间。由于公园里通行量不大的原因，通行道路空间的照度标准不高，仅为2lx以上；而一般活动区域的照度是5lx以上，儿童活动区域的照度要高一些是10lx以上。公园步道的坡道、台阶、高差处也应设置照明设施，该处的照度标准请参照前述广场照明设计中相同部分的数值。

公园公共活动区域的照度标准值　　　　　　　　　　　　　　　　　　　　　　表2-8

区域	最小平均水平照度 $E_{h,min}$（lx）	最小半柱面照度 $E_{sc,min}$（lx）
人行道、非机动车道	2	2
庭园、平台	5	3
儿童游戏场地	10	4

公园中的景观绿地和水系是表现生态的重要元素，通常绿化与水系相呼应，因此水体与滨水景观也是公园重点照明的区位，虽然《城市夜景照明设计规范》中对于绿地和水系的照明没有提出具体的指标性要求，但却提出了一些设计原则性的要求，照明设计时，照度水平应根据环境亮度水平和效果表现意图综合确定；而布灯方式则可结合水体的形状和高度等具体状况进行针对性设计。

2）防范照明

公园是典型的公共场所，公园照明应给人以安全感和愉悦感。城市绿地也同样，因为这些场所的照明死角容易给人带来不安全感。公园和街道最大的不同是人流密度小，因此在这类场所中一定要尽量避免出现照明死角，以提高安全防范性。从安全的角度来说，为了看清楚对方来者的表情，以便提前做好心理准备，脸部的照度最低不能低于2lx，所以对于这类场所除了平面要求外还需满足垂直面照度的要求。现实中很多案例在公园绿地的支路中使用了地脚灯，由于地脚灯照射高度有限，很难照到人脸的高度，如用其解决支路功能照明的需求，则显然很困难，它一般仅可能满足水平面照度的要求，通常无法解决垂直面照度的问题，因此并不是一种理想的用灯方式。它仅可以应用于公园内最低等级的道路上。因此在公园选择照明方式时，既要考虑水平面照度的需求，还要考虑垂直面照度的要求。

（2）设计要求

公园绿地照明设计基本原则是根据公园类型（功能）、风格、周边环境和夜间使用状况，确定选择适宜的照度水平和照明方式，在满足效果的基础上，尽量避免溢散光对行人、周围环境及园林生态带来的不利影响。此外，由于公园使用人群的不确定性，特别是某些大型或综合性公园，在其入口、公共设施、指示标牌等位置均应设置功能照明和标识照明。

公园绿地的类型虽然多样，但内部的景观载体都可分为软质景观和硬质景观两类。虽然公园绿地类别不同，硬质景观形态变化很大，但其通常都是照明设计的重点，而对于软质景观（包括植物、水体等）的照明设计往往更容易表现生态型和公园绿地的特征，因此须注意植物景观具有时间性的特征，在不同的季节，会呈现不一样的景色。而水体的变化，既增加了景观的动态性，又创造了诗意般的环境。若水体与其他景观要素结合巧妙，更能够形成变幻莫测的景观效果和勃勃生机景象。

从景观塑造的角度来看，公园的照明设计和广场的照明设计有很多相似的地方，诸如城市公园这样的大空间，规划设计时应根据功能的需要，将空间进行分划，一般划分为若干使用功能区域，每个区域都有相应的功能与景观主题，照明设计时要注意把握和表现不同区域的主题，做到即符合区域功能需要，又使整个公园有丰富的夜景观效果变化。

1）植物照明

无论是城市绿地还是公园，照明设计时都会涉及植物的照明。植物根据其观赏特性可分为观形类、观枝干类、观叶类、观果类、观花类、草坪与地被植物等几类，而且植物自身又具有生态性与生长性，因此照明设计应针对植物的特点展开。

光源的光色在植物照明中显得尤为重要，同一植物在不同的光源照射下可能呈现不同的颜色外观与细节表现，给人的感受也就完全不同。照明设计时，应考虑常绿树木和落叶树木的叶状及特征、颜色及季节变化因素的影响，确定适宜的亮度水平和光源光色。

光源选择和灯具布置环节都应该考虑光源和灯具对动植物的影响，应选择适宜的照射方式和灯具安装位置，以避免由于照明的作用影响到动植物的生长、甚至造成死亡。此外应特别注意不应对古树等珍稀名木进行近距离照明。

2）水体照明

水是公园绿地最珍贵的元素之一，水与其他元素一起，共同构成了灵活生动的公园绿地景观。公园水体包括喷泉、瀑布、池塘等人工水景，以及江、河、湖、海等自然水景等类型。在公园绿地中，由于水形态的不同以及季节的动态性，水体的反射作用方式也不同，其照明方式和灯具选型也有明显的不同，而不同水体的照明变化，既增加了景观的动态性，又创造了诗意的环境。

由于水体自身通常是无色的，对使用的光色无特殊要求，因此用什么光色照射水体就呈现什么颜色，故而应使用何种光色完全由设计创意决定。水体通常都是与绿地同时出现的，因此通常在水体的周边都会设置供观赏水景的园路，为此水景周边应设置功能照明，以防止观景人意外落水。

3. 设计注意事项

通常公园绿地的性质与主题不同，需要形成不同特征的环境氛围。由于公园绿地中可供照明的载体类型多样，如何能塑造出好的环境氛围，如何使之形成一个有机的关系，这是设计师构思设计时必须考虑和处理的问题，否则各载体的景观照明效果就可能是"各自为战"，使公园绿地失去整体的美感。公园绿地虽自然景观较多，照明设计时，在表现良好自然景观的同时，应力图促使其与人文景观的和谐共存。

（1）综合公园

综合公园通常面积较大，功能分区类型较多，且硬质景观种类庞杂，数量繁多，其在园中所处的地位，体量差异巨大，风格样式也多变，而且通常都会有供游人儿童娱乐的游戏类景观设施的存在。此外绿化和水面也相对较大，照明设计中应该注意以下几点：

1）综合公园由于面积大、人流大、功能分区类型多，照明设计中应重点关注各功能区域的照明，应在满足功能照明的情况下，结合各区域的使用功能与载体状况，借助景观灯具或区域内典型载体的景观照明表现，强化各自区域的景观照明主题，从而形成公园内丰富多彩照明效果。

2）综合公园一般都会有桥体和水边的廊亭，它们都是调节景观节奏，甚至是区域视觉中心的优良载体，照明设计时应充分加以利用。此外园内有一定高度的合适载体，可按照整个园内或局部区域的视觉中心来塑造，因为此类公园面积较大的原因，夜晚只能通过光亮来提供方位参考，因此夜晚需要这些视觉中心起到方位坐标的作用。

3）儿童娱乐的游戏活动区域，照明设计应按照照明设计规范的要求在提高照度水平的同时，可采用较为丰富的光色变化，甚至可以采用动态的照明手法，从而增加区域整体的趣味性和丰富性。灯具布置与形态应相对简洁，因为设施形态已相对丰富，如果能够巧妙加以运用，通过适当的景观照明处理，照明的效果应该有所保证。

（2）主题公园

主题公园在某些层面上与综合公园比较相似，只是这类公园的主题会更加明确一些，例如世界著名的迪斯尼乐园等。该类公园根据主题的不同，希望形成明确的情感氛围和公园夜景观效果。照明设计时应注意以下几点：

1）因为是主题公园，因此首先要考虑的是如何表现公园的主题，使之与公园的主题内容相契合。照明设计时，必须从全局着手，不仅仅局限于特征载体所在区域自身，包括通路等联结区域，都需要通过适宜的灯光表现，以体现主题的氛围。

2）主题公园一般都有明确地表明主题的建筑物或雕塑等构筑物及相关设施，它就是景观照明的最重要载体，可根据载体的位置、体量与色彩选择适宜的光源与光色，加之适宜的投射方向进行照明表现，以便更好地表现特征载体、突出主题。

3）主题公园须特别注意一些照明细节的处理，如灯具的造型设计，灯光光色的选择与组合，如果处理得当，都会不时地为游人提供与主题相关的丰富联想，有利于公园主题的夜晚充分展现。

（3）绿地公园

绿地公园属于休闲类，绿地为主的公园，该类公园主要服务于周边居住区的居民，一般而言，绿地部分在园区内所占比例较大，且平面形态较为自由、开放。照明设计时应注意以下几点：

1）绿地公园应结合当地的生活特点、人文特点加以考虑照明塑造的问题。通常公园往往具有若干雕塑小品或构筑物，但一般体量都较小，照明设计时可将这些载体作为公园或区域的视觉中心加以利用，但照明的表现应注意文化性的体现，要有品味。

2）照明设计应根据公园原有的空间或功能分区划分，如休憩、活动健身、年轻人交往等空间，有针对性地进行不同功能空间的照明设计，以形成各分区所需的照度要求和环境氛围。照明应做到明暗适度，避免出现眩光，在人们进行活动锻炼的场所亮度可适当提高，而在休憩的场所亮度宜适当降低。

3）绿地公园通常硬质景观不多，因此可供利用的照明载体相多较少，照明设计中应充分利用一切人工设施的照明，再辅以植物照明，必要时对于载体不足的局部区域，可通过单独的植物照明来进行弥补，以均衡和调节景观照明的节奏，当然也可在局部做一些小的、趣味性的光构图处理。

第三章　照明规划设计方案的构成与表现

照明设计主要包括方案设计与施工图设计两大阶段。综前所述，照明设计是技术与艺术的融合，那么设计中必然会涉及技术与艺术创意的问题。方案设计阶段的重点在于创意设计，只有好的创意才会有好的景观艺术效果，然而照明效果的实现、可视化需要灯光的表现，而灯光的表现又离不开光源、灯具、控制等方面的技术支撑，因此照明设计的始终都贯穿着技术的身影。

城市公共空间的景观照明设计与传统室内外功能照明设计有很大的不同，它必须在原有载体形态的基础上，通过照明设计进行艺术创造，包括运用亮度的变化、色彩的变化、灯具投射方向的变化等来塑造公共空间的夜景观形象，因此，公共空间的景观照明设计必然会受到公共空间的使用目的、功能分区、设计文化、风格特点、载体形态、材料类型以及空间围合状况等的制约，设计中必须对这些因素进行综合考虑后，通过统筹规划、合理布局，最终确定适宜的表现方式。这就是在通盘考虑上述各种制约条件后，通过巧妙的设计创意，去实现良好的夜景观效果。照明规划设计时应合理地处理好下列方面的问题：

(1) 使用功能的完备性；

(2) 景观效果的整体性与主题表现；

(3) 节约能源；

(4) 避免光污染和光干扰。

由于本书的重点是讲述照明方案设计方法、构成与表现方面的问题，因此有关照明设计技术方面的知识请参考其他相关书籍。

照明设计师在中国是一个新的职业，但照明设计并不是一个新的名词，虽说照明设计有许多有别于其他设计专业的特殊性，但就设计表现方法而言各设计类专业都有相通之处，都需要通过一些必要的表现手法、构成元素与逻辑体系来表达设计师的设计思想与设计表现，鉴于此照明设计也不例外。但由于国内从事照明设计的人员中有相当一部分出身非设计类专业，对设计的一般方法与"套路"缺少理性的认识和充分的了解，加之即使其他设计类专业出身的人员，对照明设计专业自身特殊性的了解也不够充分，时常造成图面设计表述意图不清的现象，鉴于上述原因，笔者根据多年的照明设计经验，将设计类专业表现方式的共性与照明设计的特殊性相结合，归纳整理了照明方案设计图面表现的手法与构成要素的逻辑体系。

本章以照明方案设计的逻辑过程为主线，以实例为依托，就城市公共空间照明方案设计的七大构成要素（基本表现、设计表述、空间分析、载体分析、规划设计、效果表现与技术支撑）一一分解进行讲解，并一气呵成。当然体系中构成要素的顺序与形式并没有固定的模式，但本书梳理和总结的照明规划设计的逻辑程式与设计语言描述方式，设计师可针对具体的实际工作或实操考试题目，根据设计项目的状况和自身的喜好进行调整、增减，本书内容仅供参考。

鄂尔多斯市伊克昭公园照明规划设计

鄂尔多斯市伊克昭公园照明规划设计

07年7月

北京工业大学城市照明规划设计研究所
北京赛高都市环境照明规划设计公司

2007 年 7 月

图面表现要素

项目名称、设计单位、设计日期及装饰用图形、图案、色彩和构图等。

图面表现意图

方案册的装帧设计是整本图册的高度凝练和设计的视觉窗口，起到让观看者了解设计的类型、深度等主要项目信息。装帧设计的目的，除了保证阅读之外，还要赋予图册美的形态，并且确保形式与内容的一致，以简洁的设计语言，表达出设计者的思想，给观看者美的享受。

装帧设计

装帧设计的目的是对设计成果进行艺术包装，它在某种程度上体现着设计师的设计素养，一根线、一行字、一个抽象符号，都需要思考与斟酌，既要表现照明设计的理念和内容，同时又要具有美感，达到吸引眼球的效果。

封面虽然与照明设计结果没有直接的关系，就像应聘人员面试所穿的服装与工作能力没有直接的关系一样，但却是给人留下第一印象的重要载体，它可能会给评阅专家与业主一个初步的判断和评价，或好或坏，或认真或敷衍，另外，从功能上讲，它具有保护内容页的作用。装帧设计没有固定的模式，可以根据自身的偏好进行设计。具体的装帧设计应包含下面四方面的内容。

1. 封面：方案册的封面主要包括项目名称、设计单位、设计日期，以及体现该设计方案的内容、性质、体裁的装饰图案、色彩和构图。

⑴ 项目名称：项目名称应出现在封面中，可根据设计者的设计意图需要采用合适的字号及字体。照明设计方案的项目名称一般为 xxx 照明规划设计，xxx 照明设计等。

⑵设计单位：根据业主的要求来决定设计单位是否出现在封面中，因有时招投标文件中不允许出现单位名称。文字最好是设计单位标识设计中的字体。

⑶设计日期：设计日期适宜出现在封面中，字号不宜过大。旨在提醒人们该方案的完成日期。日期根据项目要求及具体设计时间以年、月或日的形式出现。

⑷ 图形及图案：在封面中，根据设计的需要，可以选择适合该项目且具有代表性的图形或图案，经过电脑的编辑，选择适合图面的摆放位置及摆放方式进行装饰。

2. 封底：可以包括设计日期，设计单位，以及相应的设计构图等内容。

3. 书脊：主要包括项目名称与设计日期，还可包括设计单位或装饰构图等内容。

4. 版面：针对内容页的版面设计问题，主要包括图名与页面编码，还可以包括项目名称、设计单位，以及体现方案的内容、性质、体裁的装饰图案、色彩和构图。其中，图名应言简意赅。

图面技巧和注意事项

1. 根据方案设计的性质，在允许的前提下可通过放大或字体的特殊处理对设计单位名称加以强化，对设计单位具有宣传作用；若有特殊要求，也可对设计单位名称进行弱化。

2. 通常照明方案册的版面设计大多为带有底图的图版，这与其功能无关，只是为了形式美的需要，通常用以引导人们对设计主题的联想，当然必将从一个侧面体现出设计者的设计素质。

项目名称： 鄂尔多斯市伊克昭公园照明规划设计

设计单位：北京工业大学城市照明规划设计研究所
　　　　　北京赛高都市环境照明规划设计公司

项目主持人：　李　农（教授）日本九州大学光环境博士
　　　　　　　　　　　　北京工业大学城市照明规划设计研究所所长
　　　　　　　　　　　　北京照明学会副秘书长
　　　　　　　　　　　　中国照明学会理事、高级会员

项目组主要成员：北京工业大学城市照明规划设计研究所
　　　　　　　　刘　刚（讲师）　刘　悦（讲师）
　　　　　　　　赵　月（讲师）　李　澄（博士）
　　　　　　　　张建斌（硕士）　张　琳（硕士）
　　　　　　　　李　楠（硕士）　毕学文（硕士）

鄂尔多斯市伊克昭公园照明规划设计

LPD　北京工业大学城市照明规划设计研究所
Front LPD　北京赛高都市环境照明规划设计公司

图面表现要素

项目名称、设计单位、项目主持人、设计参与人员等信息。

图面表现意图

版权页是为了让观看者对设计的相关信息有一个详细的了解。在方案册开篇设置版权页，可以更好地让观看者掌握设计的项目名称、项目设计单位以及与项目相关设计人员的具体信息，并从一个侧面了解设计单位的技术力量；同时也表明了设计单位及设计人员的知识产权。

版权页

  版权页是为了让观看者对设计的相关信息（除设计内容外）有一个详细、全面的了解。正如书籍的扉页和版权页一样，只不过对于方案册而言，仅是将这两者合并而已，其实它们的作用是相似的，只不过书籍是分页设置的，而方案册是整合在一页上了。

  在版权页中的项目名称、项目设计单位以及项目设计人员等信息，可以让观看者通过项目名称了解具体是一个什么项目的设计，而且项目的设计深度是什么；通过项目设计单位以及项目设计人员从一个侧面了解设计单位的技术力量及人员投入状况。当然这些内容基本上都属于书籍扉页所要传达的内容。

  该页面需要传达的另外一个重要信息便是设计的产权信息，特别在当前照明行业还处于相对混乱的情况下，更加有必要提高知识产权的保护意识，否则可能在现实中发生有些情况说不清的问题。

  另外，它可能还会起到隐形的广告作用。某一项目设计完结后，设计方需向业主提供若干套设计成果，随后它们便脱离了设计方的控制，会流向何方不得而知，其后一方面设计可能会被剽窃（现实中这种情况几乎很难控制），当然也有可能让新的有需求的业主看到，如果你的设计让人满意，他也许会根据方案册上的单位信息与你联系，这时你的方案册就起到了宣传册的作用。

  总之，鉴于版权页的重要性，设计师应予以重视，当然更不可忘记。通常版权页应包含的内容如下：

  1.项目名称：项目的实际名称必须要与方案册封面及设计合同书上的名称保持一致。

  2.设计单位：通常应包含承担这个项目设计的所有单位的全称，但如果参与单位数量过多或出于某些特殊的考虑，如某些单位参与的工作极为有限等，也可以仅列出主要承担单位名称。

  3.项目主持人：项目主持人是承担该项目设计的明确责任人，要负有一定的法律责任。对于项目主持人的相关信息介绍要相对具体，项目主持人的能力在一定程度上也体现了设计团队的技术力量。

  4.项目组成员：通常应包含参与本设计的所有工作人员名单，但如果参与人员数量过多或出于某些特殊的考虑，如某些人员参与的工作极为有限等，也可以仅列出主要工作人员名单，其中可能包括合作方及甲方工作人员，同时还应包括工作人员的工作单位、职称、工种、执业资格等相关信息。

图面技巧和注意事项

  1.如果项目有多个设计单位，应根据项目的类型等状况，在顺序上分主次依次进行排列。

  2.对于项目主持人的相关信息介绍要相对具体，如果没有强势的项目主持人，可通过增强设计团队人员力量弥补。

  3.项目组成员的排列应依据在项目中的重要程度及参与的相关深度排序。

前言

鄂尔多斯市位于内蒙古自治区西南部，西、北、东三面被黄河环绕，南以长城为界，与山西、陕西接壤，西与宁夏自治区毗邻，地理位置非常重要。鄂尔多斯市与黄河北岸的呼和浩特市、包头市又形成内蒙古自治区经济发展最为活跃的"金三角"。神奇的大自然和历史悠久的文化积累，孕育了鄂尔多斯草原文化韵味独特、古朴典雅的民风民俗和别具一格的民族文化，体现了鄂尔多斯草原文化的经典价值。

人民公园是鄂尔多斯市内最为重要的公园，是集休闲、文化、纪念为一体的多功能公共活动区域，是一个充满活力、市民喜爱的休闲娱乐场所。公园内部主要包括：纪念碑节点、八方汇盟节点、西南入口节点、南入口节点、天马旗节点、王府建筑节点、长廊节点、拱桥节点、汗妃亭节点、蒙古包节点和儿童活动区节点。其他街边广场也是市民休憩的主要场所，具有很好的景观性。本次照明设计在满足人民公园及街边广场的功能照明基础上，着力创造和改善夜晚景观效果，丰富景观构成，美化亮化夜景层次，提升景观品位。本次设计以表现鄂尔多斯历史文明和草原风情为主要目的，为市民提供一个夜间休闲娱乐的场所。

为了改善人民公园及街边广场的夜景观效果，2007年6月受鄂尔多斯市东胜区规划局委托，由北京工业大学城市照明规划设计研究所承担了鄂尔多斯市人民公园及街边广场夜景照明设计方案。本次设计结合国内外照明设计的新思潮和新经验，同时也在为人民公园及街边广场夜景照明提供科学的方法和有效的途径，带动提高其照明的技术和艺术水平，着力突出城市的地域文化特征，以期达到"提高水平，创造精品，加强管理，国际水准"的照明建设工作目标。

鄂尔多斯市伊克昭公园照明规划设计

北京工业大学城市照明规划设计研究所
北京赛高都市环境照明规划设计公司

图面表现要素

项目的大区域背景、项目设计或改造缘由、项目承接方式、特别鸣谢等需要说明的内容。

图面表现意图

前言是与设计项目相关的一类说明性构件，它所说明的内容与设计内容没有直接关系，但又有必要进行说明，目的是把项目的大区域背景，项目设计或改造缘由、项目承接方式、特别鸣谢等用解释说明的方法进行表达。由于它们与设计没有直接的关联，因此如果没有此类说明的必要，可以省略。

前　言

前言是与设计项目相关的一类说明性构件，它不同于随后的设计说明部分，后者是针对设计内容的相关说明，而前者是与设计内容没有直接关系，但又有必要进行说明的内容（如大的区域背景，项目设计或改造缘由、项目承接方式、特别鸣谢等）。由于它们与设计没有直接的关联，因此如果没有此类说明的必要，此部分可以不要或不必出现在方案册中。由于本书的内容中使用了一个实例作为设计"套路"的一个参考，为了便于读者对实例的照明规划设计有一个粗略的了解，借此处进行简单介绍。

鄂尔多斯伊克昭公园（原称人民公园）是市内最为重要的城市综合公园，是一个多功能的城市公共空间。公园有三个主要出入口，公园南入口与北入口之间形成一条明显的轴线，将哈达门、汗妃亭、八方汇盟、天马旗等主要景观节点贯穿起来。此外，沿主轴线两侧还有人民英雄纪念碑、王府建筑、长廊、小桥流水、观景台、蒙古包和儿童活动区等主要景点。

本次设计中，充分考虑了鄂尔多斯的历史文脉及地域文化，详细研究了整体地势和交通路网，结合公园的照明功能要求和景观要素，提出了两条轴线的设计理念：主轴线——人文轴线，由南门至北门，途经天马旗、八方汇盟、汗妃亭和哈达门形成一条贯穿公园的直线轴；次轴线——自然轴线，由西南门起，经王府建筑、古亭长廊、拱桥和观景平台，至蒙古包等景观点，形成一条"S"形环绕公园的曲线轴。英雄纪念碑和儿童活动区独立于两条轴线之外，成为独立节点。

照明规划设计中将道路分为三级，在各级道路中穿插了重要的景观节点，通过不同的照明设计手法表达出主次两条轴线（人文轴线和自然轴线）的照明规划理念。人文轴线主要表现鄂尔多斯的历史文化、民族特色以及现代社会的和平；自然轴线主要结合公园特有的自然山水特点。通过两条轴线的照明刻画，利用公园的景观载体表达出"城市绿洲"的意象；而纪念碑和儿童游乐区的设计主题分别为"守护"和"未来"，作为独立景观节点进行处理。在主次轴线的布局基础上，照明规划设计的主要景点分为两个照明层次和一个景观中心。一个景观中心就是位于轴线中心的"八方汇盟"节点，成为整个公园的视觉中心。其余的照明景观节点分为主要景观和次要景观，营造出公园内局部的视觉焦点。

图面技巧和注意事项

1. 涵盖的内容要全面，注意简洁明了。
2. 说明的逻辑顺序要合理，条理要清楚。
3. 措辞要恰当，内容要贴切。

目　录

图面表现要素

各部分内容的名称、对应页码等。

图面表现意图

目录是方案册中必不可少的内容，它是对方案册中包含所有内容的一个纵览。它使观看者对该方案册的内容和前后布局在同一个页面中有一个初步的了解，具有索引、导向的作用。如果说方案册是一个躯体的话，那么目录就是这具躯体的骨架。

目　录

　　任何事物都具有其本身的条理，应按照它自身的条理来安排组织，使之眉目清楚，有条不紊。目录的编排也不例外，其特征是必须有一定的顺序，这种顺序往往体现在设计过程的层次上。一个目录的编排顺序是设计者为了介绍自己的方案，把自己的设计方案从开始介入到详细分析，从初步构思到最终方案确定的一个层层递进、严谨的、逻辑性的过程。好的目录编排要与方案设计的整体风格相一致，能让人对方案册涵盖的内容以及设计者的思路一目了然，体现出一个设计者的逻辑思维能力。

　　方案册的内容和前后布局决不能简单的堆砌，必须根据设计的内容和思维逻辑展开，以便于观看者容易理解你的设计。虽说目录的编排具有相应的规律和科学性，但现实中也可以根据观看者的群体差异做出微调，如观看者为评审专家，则需要"层层剥茧"式的排布方式，而对于非专业的业主或各地的领导，有时则可以根据需要把最终设计效果图的摆放位置提前，这样可以"开门见山"地看到最终的设计效果，因为不同观看者的关注点有所不同，这就像语言学中所用的"倒叙"方式，众所周知，语言表达中采用倒叙的目的就是为了强调结果或为了表述的生动性从而吸引关注。

　　在编排目录时，图纸名称及图纸编号要清晰整齐，准确无误地标注出页码，体现出目录编排的严谨性。同时，目录既然是设计方案的导读图，因而必然要求具有完整性，也就是要求设计方案中的关键内容都应在目录中反映出来，不得遗漏。然而，并不是说目录要涵盖每一张图纸所包含的内容，如果有同类别的内容，如效果图部分，可以作为一组来处理，并且标注清楚起始的页码即可。

　　目录还具有提供查询和检索的功能，以便更快捷地定位所要找寻的页面，这样既可以节省时间，又可以提高效率。因此目录编排的粗细应适度，既可以仅是第一层次，也可以延伸到第二、甚至更深的层次，但并不是越多越好，当然过少了也不合适，这需要根据项目的复杂程度等因素综合考虑决定。试想如果目录本身就长达好几页，要在目录中找寻所需内容将是多么不便，完全起不到目录所应具有的设计整体内容一览的作用；当然目录过粗也不合适，第一容易产生重要信息遗漏的可能性，而且容易使观看者产生设计师工作不认真或业务水平有限的感觉。

图面技巧和注意事项

1. 目录编排涉及的就是一个顺序问题，编排顺序一定要有逻辑性。
2. 目录编排并不需要涵盖每张图纸，如内容繁多可同类分组处理。
3. 应注意目录中各页名称与后面页面名称和页码的前后一致性。

鄂尔多斯概况

鄂尔多斯，蒙古语意为"众多宫殿"，是一块古老而神奇的土地。鄂尔多斯市辖主要由东胜区和康巴什新区组成，是以蒙古族为主体，汉族占多数的地级市。在这里，曾经创造过动人的历史篇章和灿烂的古代文明。鄂尔多斯市是内蒙古自治区人文和自然景观最为丰富的城市之一，具有鲜明的地域民族特色。蒙古是一个历史悠久又富于传奇色彩的民族，提起美丽的蒙古，我们就能浮现出这个"马背上的民族"曾经叱咤风云、气吞山河的伟岸雄姿！人们便会想起"天苍苍，野茫茫，风吹草低见牛羊"的古歌谣．眼前便会呈现出蓝天白云、碧野红花、羊群斑斑的无垠草原。

人民公园现状分析

鄂尔多斯人民公园是市内最为重要的城市公园，是集休闲、文化、纪念为一体的多功能公共活动区域，是一个充满活力、市民喜爱的休闲娱乐场所。

人民公园有三个主要出入口，南入口正对宝日陶亥东路，入口处设有良好景观效果的雕塑小品；西南入口是通往纪念碑的主要出入口，采用了典型的意大利台地式处理手法，为公园塑造了一个优美的自然景观；北入口主要通往满都海巷，是公园内部车辆的主要出入口。公园南入口与北入口之间形成一条明显的轴线，将哈达门、汗妃亭、八方汇盟、天马旗等主要景观节点贯穿起来。除此之外，沿主轴线两侧还有纪念碑、王府建筑、长廊、小桥流水、观景台、蒙古包和儿童活动区等主要景点，将整个公园有机的串联起来。

设计原则

本次照明设计在满足公园功能要求的基础上，充分体现人民公园的休闲娱乐和人文特征、强调整体协调，注重绿色照明与节能环保；积极应用高新照明技术；统筹兼顾建设成本与维护成本、使之达到维护与管理的便捷。此次照明设计充分体现了生态、和谐、独特、优美节约的原则。

生态：遵循生态的原则，尊重景观与自然环境。

和谐：注重夜景与区域协调，各种因素的有机融合，表达"和谐共生"的传统哲学思想。

独特：充分挖掘鄂尔多斯的地域特征、文化特色，创造个性鲜明的夜景观形象。

优美：与现代艺术的结合，突破传统意义的美学概念，确立新的美学观念和价值取向。

鄂尔多斯市伊克昭公园照明规划设计

北京工业大学城市照明规划设计研究所
北京赛高都市环境照明规划设计公司

图面表现要素

设计说明构成的各部分的必要说明文字及示意图片。

图面表现意图

设计说明是对照明设计整体的全面文字描述。目的是把设计的概况，设计过程和结果用解释说明的方法进行表达，使观看者通过设计说明了解设计师的设计方法、设计意图与设计效果。当然一篇优秀的设计说明还可以充分地体现出设计者的自主创新能力和逻辑思维能力，以及一个优秀设计师的综合素质。

设计说明

设计说明是关于设计内容的整体详细介绍。如果说一个设计方案是一篇文章的话，那么设计说明起到的就是统领全文的作用。它涉及的内容应尽可能详尽，借以充分体现出设计师的设计方法、设计意图与设计效果，从而使人对设计内容有一个整体详尽的了解。通常它应包括如下内容：

1. 项目所在地的文化背景

设计师应从项目自身及所在地的文化背景中，获取设计可以利用的一切有价值的信息，紧紧抓住该地区的主要文化脉络，加以提炼、升华，并将提炼后的结果用于指导设计，以便启发设计思路。

2. 工程概况

工程概况包括该项目的用地情况、使用性质、景观布局以及设计目的等。通过对工程概况的介绍，使人们明晰设计内容、设计目的，并对该项目有一个总体的认识，为随后的照明设计介绍做好铺垫。

3. 设计原则

设计原则本质上是设计的宏观思想，用以说明设计师在宏观上所考虑的设计指导思想以及通过什么样的措施，解决什么样的问题，实现什么样的效果等。

4. 规划设计构思

设计构思体现了设计师的设计思想，是设计创意的核心。通过对地域文化的剖析，经过审慎思考后归纳出恰当的、能为设计所利用的文化因素和一切可利用的载体条件，并应用到设计方案中去。通过对构思方案的深入透彻的描述，形成夜景观设计所要表达的意象。

5. 照明设计说明

这里的设计说明是对确定的方案构思所对应的照明设计的具体说明，应把构思的每个部分的关键点进行重点说明，且设计的具体做法应详细，力求从宏观的整体做法逐步深入到每一个细部的具体处理，如设计的每一区域或每一部分的具体做法，以及如何实现设计创意和怎样的夜景观效果，使用什么样的光源与光色，选择什么样的灯具与安装方式，具体采用什么节能措施等。

图面技巧和注意事项

1. 设计说明的逻辑顺序要合理，条理要清楚。

2. 设计说明无异于一篇文章，措辞要恰当，因为它关系到是否能吸引人，是否能打动人，关系到方案的前途。

3. 设计说明考察的是一个优秀设计者的全局意识，涵盖的内容一定要全面，不要有疏漏，但也要注意简洁明了。

鄂尔多斯市伊克昭公园位于城市的东北部，是由宝日陶亥街、杭锦路、鄂托克东街及规划路所围合的区域，是老城区内最大的一个综合公园。

南北长大约400m，东西宽大约240m。

本次设计范围是整个公园，而且是在景观改造设计基础上进行的景观照明设计，景观设计的主题是"蒙古族与成吉思汗"。

鄂尔多斯市伊克昭公园照明规划设计

北京工业大学城市照明规划设计研究所
北京赛高都市环境照明规划设计公司

图面表现要素

项目总平面图、示意图片、引线及必要的文字说明等。

图面表现意图

设计范围及深度是关于设计地块的范围和设计深度的说明，其目的是事先明确告知上述内容，避免对设计范围和设计深度产生歧义与分歧。通过设计地块的图式及文字说明，帮助观看者形象地了解设计的具体范围，同时根据文字说明了解业主要求的具体设计深度，以及设计对象的功用等方面的信息。

设计范围深度

设计范围是对本次设计地块范围的说明，与此同时顺便将设计深度也一并予以说明，其目的是设计内容的明确与确认，避免对设计范围和设计深度产生歧义与分歧。此外通过设计对象的类型与使用目的等基本信息的介绍，帮助观看者了解本次设计具体包含的范围和要求的设计深度，以及设计对象的功用等方面的信息。

1. 设计范围

应明确说明与业主商定的设计范围，通常应明确说明项目名称、项目类型、项目所在位置等基本信息。其中项目类型需要说明具体是属于城市广场还是城市公园等，以便让人了解未来设计对象的功用；而项目所在位置应说明具体在城市的什么方位，截至地段或具体由哪些道路围合而成等。对于某些分期建设的项目，此点说明非常必要，因为其他观看者并不了解合同签订的具体情况，无法判断设计具体涉及第几期的内容范围，因此有必要在设计的具体说明之前，先将合同约定的设计范围说清楚。

2. 设计深度

应明确说明与业主商定的设计深度，通常照明设计包括概念设计、方案设计、扩初设计与施工图设计几种类型，不同的类型对应于不同的设计深度。概念设计就是照明设计的初始方案；方案设计就是在概念设计的基础上，对照明设计的进一步深化与完善，最终完成完整的照明设计方案；扩初设计与施工图设计就是在最终确定的照明设计方案的基础上，完成施工图相关的技术设计，最终完成照明设计。

对于设计师而言，此点说明非常必要，因为不同设计深度的设计内容与表现方式都有所差异，而其他观看者并不了解合同签订的具体情况，因此如果不事先做出说明，可能会引起业主或评审专家的误解，产生设计不到位的印象，特别是概念设计的方案，因为通常人们默认的都是照明方案设计，即照明方案的完整设计。此外业主方总是希望设计师做得越多越好，因此为避免不必要的误会，有必要在设计的具体说明之前，先将合同约定的设计范围说清楚。虽说通过项目名称可以说明设计的深度，但有些时候仍有必要在此予以明确说明。

图面技巧和注意事项

1. 在图面上利用具有透明度的色块或其他方法清晰地标明设计的范围。

2. 在图面上用文字标示出周边道路的名称或截至地段名称等边界信息。

3. 在图面上合适位置用文字说明设计的深度。

鄂尔多斯市伊克昭公园照明规划设计

北京工业大学城市照明规划设计研究所
北京赛高都市环境照明规划设计公司

图面表现要素

项目所在区域相关图纸、标示符号、引线或者必要的文字说明等。

图面表现意图

区位分析的目的是明确设计空间所处位置，以及了解它与周边环境相互关系的基础性工作。区位分析是对设计对象所处位置与地位的分析，明确其与周边环境的关系，旨在通过对设计对象所在位置的重要性认识，在设计过程中予以适度地把握，以保证其以适当的夜景观面目出现并与周边环境和谐统一。

项目区位分析

　　城市公共空间类型众多，使用功能也千差万别，其服务的对象可以是全市性的，如综合公园、市政广场等，也可能是局部区域的，如绿地公园、街边绿地等。公共空间服务对象的不同，人们使用该空间的方式和时间就可能发生变化。此外，由于公共空间地形的原因，如具有山体的公园，其夜景观作用的范围就可能并不局限于公共空间内部，可能辐射到更大的城市范围。因此要做好一个设计，就首先需要把这些情况搞清楚，这便需要相关的分析研究。

　　区位分析的目的是明确设计对象所处位置，以及了解它与周边环境相互关系的基础性工作。区位分析是一个由大到小、逐级深化的过程，由于项目所处位置和规模大小千差万别，在区位分析中所要包含的"周边环境"的范围大小也各有迥异。如果实际项目会对整个城市产生一定的影响，区位分析中也应该包含项目所在城市的相关信息。通常使用的图纸有三大类，一类是可在市面上购买到的诸如城市旅游图等图纸；一类是卫星图或实际测绘图；另一类是城市规划的相关专业图纸，当然如条件允许最好使用后者。区位分析一般利用如下两个不同体量空间的图纸进行分析。

1. 项目所在城市图

　　首先在图纸上标注出项目所在位置，让人们对项目所处位置有一个宏观的认识，从中可以看出项目所处城市的区域，如城市中心区、郊区、商业区、工业区、文教区或者是办公区等。通过对项目所在位置的了解，并结合周边情况的深入分析，便可以明确项目与整个城市的关系。针对城市层面的分析更多的是了解设计对象位置的重要性，以及夜景观的"辐射"范围等。

2. 项目所在区域图

　　项目所在区域详图是建立在项目所在城市规划图基础上的深化。它更清晰的划分出了项目所在地块的用地性质、周边状况，以便让人们对地块周边的情况有一个更深入的了解。针对区域层面的分析更多的是了解设计对象与周边环境的相互位置关系，设计空间使用过程中服务人群的类别，夜景观对周边环境产生的影响以及相互间可能产生的光作用影响等。

图面技巧和注意事项

　　1. 项目所在城市与区域图纸是由整体到局部，渐进式的分析用图。在排版时区域范围应该是一个由大到小、由整体到局部的顺序。

　　2. 互联网在人们生活、工作中的作用越来越重要，因此可以充分利用网络资源来寻找相关的图纸，如谷歌卫星地图等，以便迅速快捷地了解环境的信息。

　　3. 图纸上标注的区域标识应该醒目，让人一目了然。

○ 景观中心
○ 主要景观
○ 次要景观

鄂尔多斯市伊克昭公园照明规划设计

LPD 北京工业大学城市照明规划设计研究所
LPD 北京赛高都市环境照明规划设计公司

图面表现要素

项目总平面图、标示符号、图例及必要的文字说明等。

图面表现意图

景观结构分析的目的是了解设计空间内功能空间布局、景观载体分布、使用空间方式等的相互关系与影响，以便帮助设计师吸收消化景观设计的思想与景观布局，并深入理解和掌握设计对象的特征信息，做到全面了解并掌握设计对象载体的情况，为随后的道路交通、人流视线等各类基础分析做好准备。

景观结构分析

景观结构分析的目的是在研读景观设计资料的基础上，了解设计空间内功能空间布局、景观载体分布、内外交通组织、人流观景路线、使用空间方式等的相互关系与影响，以便帮助设计师吸收消化景观设计的思想与景观布局，并深入理解和掌握设计对象的特征信息。总之，其本质就是对设计对象自身的空间与载体特性进行分析。景观结构分析一般应从如下几个方面进行分析：

1. 景观节点

通常的景观设计一定会根据整体的设计主题将空间划分为若干不同的表现区域，分别进行相应景观的塑造与表现，这既是为了提供不同的使用空间，也是为了整个空间的景观变化和协调表现，这些内容通常都会在项目总平面图中予以体现，因此需要研究其中各类空间的布局及使用功能，具体来说需要了解各节点的空间位置，以及建构筑物或载体的布局、景观绿化等信息。

2. 景观中心

所谓景观中心就是设计空间中统领全局的景观核心区域或节点，它通常是景观设计的核心，该区域或节点通常位于公共空间的相对中心的位置，载体相对较为丰富，或者地势相对较高等，总之在相当大范围内具有良好的可视性与观赏性，同时载体的形态或布局具有相对更明确表达景观设计主题的秉性，具有设计空间的景观统领地位。

3. 景观轴线

通常的景观设计大多都会设计若干条景观轴线，用以串接相互分离的若干空间节点，以相互配合的方式共同表现设计的主题，因此设计师应掌握和消化景观设计的主旨与特点，在此基础上找出景观设计的景观轴线。

这些都是设计空间的宏观层面的信息，也是需要了解的景观设计的重要方面，只有掌握了这些信息，才能为随后的道路交通、人流视线等各类基础分析做好准备，也才能为照明设计"对症下药"地深入展开奠定坚实的基础。

图面技巧和注意事项

1. 在项目总平面图中应明示公共空间内的各功能或景观区域，且项目总平面图作为底图应注意在随后使用时保持一致。

2. 在项目总平面图中景观中心的表示应与其他节点相区别，并予以突出。

3. 项目总平面图内各功能或景观区连接线上如果具有重要的景观物以及存在景观轴线，都需要在图纸上表示出来。

民族

哈达

人物群雕

蒙古包

地域

文化 与 设计

文化

汗妃亭

成吉思汗

苏勒定

成吉思汗雕像

 鄂尔多斯市伊克昭公园照明规划设计

 LPD　北京工业大学城市照明规划设计研究所
Front LPD　北京赛高都市环境照明规划设计公司

图面表现要素

必要的文字说明、示意图片及装饰用的图形、图案、色彩和构图等。

图面表现意图

设计文化分析的目的是了解景观设计的主题与表现意图，以及地域文化的特征与文化基因，以便设计师根据吸收消化的景观设计思想与地域文化基因，在随后的照明规划与设计阶段能够充分体现景观设计思想，并展现出地域的特色。总之，其本质就是对设计对象的艺术表现文化层面进行分析。

设计文化分析

设计文化分析的目的是在研读景观设计资料与挖掘地域文化的基础上，了解景观设计的主题与表现意图，以及地域文化的特征与文化基因，以便设计师根据吸收消化的景观设计思想与地域文化，在随后的照明规划与设计阶段能够充分体现景观设计思想，并展现出地域的特色。总之，其本质就是对设计对象的艺术表现文化层面进行分析。设计文化分析一般应从如下两个方面进行分析：

1. 景观设计主题

景观设计也是一门设计艺术，景观设计师在设计时也会根据设计对象的基地位置、地形地貌、地域文化等方面的具体情况，确定设计主题，统筹规划并展开由粗及表的景观设计。因此每一个具体的设计表现主题都有所不同，即使表现主题相同，表现的手法也会有所区别，因此照明设计时首先需要读懂景观设计的主题与设计思想，只有这样才有可能做好照明设计，不辜负景观设计师的设计。

2. 地域文化

众所周知，"城市是文化的容器"，是人类文化的荟萃之地。城市的建设与发展始终是与人类文明的进步联结在一起的，是人类文化成果的最大博物馆。由城市为载体所形成的地域文化是以地域为基础，以历史为主线，以景物为载体，以现实为表象，在社会进程中发挥作用的人文精神。因地制宜地将地域文化通过光加以显性化，可以彰显城市的独特魅力，甚至成为人们识别一个城市不可或缺的形象代码。总之，城市历史文脉受自然地域和独特风土人情之浸润，由此便形成了城市个性、文化特色、艺术风格和人文景观，她是城市独有的隐形资产和精神财富。

因此，在设计文化分析的过程中应努力挖掘地域文化基因，具体可通过地方志或浩瀚的网络资源进行搜寻与提炼，最终找出与设计对象载体吻合的文化基因，并通过随后的照明规划与设计过程中的巧妙结合，进而通过对光的合理组织，有意识地引导观赏者的情绪和联想，从而达到并表现设计师的设计主旨，传达文化的信息，用灯光表现出景观照明的深层次内涵，在亦真亦幻的光影中，完成对文化的二次诠释。总之，融入了地域文化且创意独特的照明才能给人们留下最深刻的印象和无尽的遐想。

图面技巧和注意事项

1. 关键词应按照重要程度排序，即从首先应表现的方面开始依次排序，注意排列的顺序与逻辑性。
2. 文字说明要简洁易懂，醒目突出。
3. 说明图片要选择有代表性的，并且应考虑色彩搭配的因素，追求理想的图面效果。

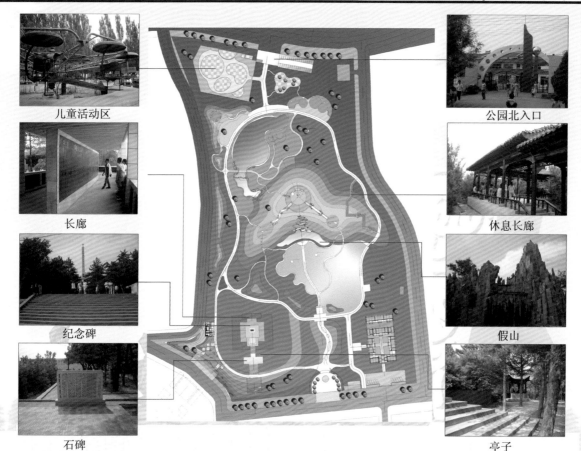

儿童活动区

长廊

纪念碑

石碑

公园北入口

休息长廊

假山

亭子

鄂尔多斯市伊克昭公园照明规划设计

北京工业大学城市照明规划设计研究所
北京赛高都市环境照明规划设计公司

图面表现要素

项目总平面图、载体照片、效果图、引线及必要的文字说明等。

图面表现意图

载体形态分析是在照明方案设计前期根据景观设计图纸，适宜的实景照片，或者是实地勘察测绘，对载体的风格、功能、形态等进行透彻的、系统的分析，目的是了解并掌握载体的主要特征。目的在于充分认识照明设计载体的具体情况，为今后的照明设计打好基础。

载体形态分析

载体形态分析又称载体分析，其目的是了解设计空间内具有景观价值载体的形态、体量、文化内涵等特征信息，以便为随后的照明设计打好基础。具有景观价值载体通常包括人工载体与自然载体两大类。众所周知，照明设计不能脱离现实存在的载体，因此对于景观载体进行深入的分析就显得尤为重要。通常在进行载体形态分析时，应着重注意以下几点：

1. 载体的风格

城市公共空间中存在的载体类型众多，各自的形态与主题不尽相同，特别是那些标志性的载体，往往由于丰富的造型与文化艺术内涵，以及突出醒目的核心位置而成为一个公共空间中夜景的标志。因此首先应确定载体的风格，一般而言，传统的造型是为了突出载体所蕴含的历史文化信息，而现代造型则为了强调现代感或时代信息，更有一些造型采用了抽象的符号则是为了强调艺术表现力。总之，载体的风格可能千差万别，要表现的寓意也各不相同，因此对于载体风格的深入剖析，可以更好地理解载体景观设计的理念，以便引导我们选择适宜的照明手段，力使载体的形象更加深入人心，并深化人们对载体文化内涵的理解。

2. 载体的形态

载体的形态及几何形体通常可划分为规则型和不规则型两大类；它的构成方式可以划分为横向、竖向以及团状的三大类；它的体量可以划分为大、中、小三大类。总之，载体的形态可能千差万别，而且载体形态的不同会直接影响布灯的位置和功率的选择，因此对于载体形态构成的深入剖析，可以更好地理解载体景观的特征，它是对载体的良好夜景表现的基础。在进行照明设计时应该从载体自身的形态特征出发，结合载体结构上的特点，巧妙运用灯光，烘托出与载体形态相匹配的夜景氛围。

当然对于载体形态的分析应针对所有具有景观价值的载体，包括人工载体与自然载体，当然也包括既有景观和新增景观，只有从载体的风格与形态两方面深入地剖析，才能完全理解载体的内涵和形体特征，从而才有可能选择适宜的照明方式，也才有可能表现好载体的夜景观效果。

图面技巧和注意事项

1. 应在项目总平面图上表示出重要的既有景观物照片与新增景观设计效果图。

2. 应对项目总平面图上贴附的景观照片依重要性进行选择，既要兼顾全面性又不能过于繁杂，数量适中为宜。

3. 对载体风格与形态的分析务必全面透彻，但是必要的文字说明要言简意赅。

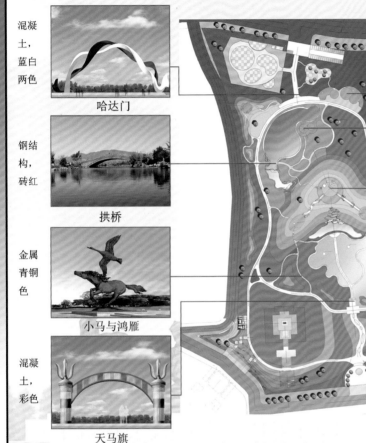

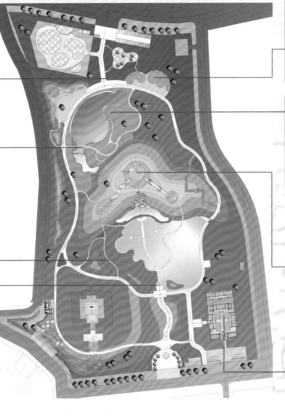

混凝土，蓝白两色

哈达门

钢结构，砖红

拱桥

金属青铜色

小马与鸿雁

混凝土，彩色

天马旗

混凝土，蓝白两色

蒙古包

混凝土，红色

汗妃亭

混凝土，金属米黄黑灰

八方汇盟

蓝砖青瓦深灰色

王府建筑

鄂尔多斯市伊克昭公园照明规划设计

北京工业大学城市照明规划设计研究所

北京赛高都市环境照明规划设计公司

图面表现要素

项目总平面图、载体照片、效果图、引线及必要的文字说明等。

图面表现意图

载体细部分析就是对设计空间内具有景观价值载体的表面属性与细部构造的分析，通过对载体的材质、颜色及细部深入了解，目的在于对载体有更深层次的认识，以及深入发掘载体上的种种限制因素，以便在照明设计中结合载体的风格、功能、形式等的载体特点，采取针对性的、适宜的照明方式及照明处理手法。

载体细部分析

载体细部分析的目的是了解设计空间内具有景观价值载体的表面属性、细部构造等信息，应以分析人工载体的状况为重点，以便为随后的照明设计打好基础。众所周知，照明设计所表现的载体即为受光体，受光后的亮暗与材料的反射（透射）比以及投光量有密切的关系，而受光体最终所看到的颜色又取决于受光体的表面色与光源色，此外，要做到"见光不见灯"则装灯位置便与载体的构造密切相关。通常在进行载体细部分析时，应着重注意以下几点：

1. 载体的材质

载体材料对于照明方式的影响主要表现在对投光照明的影响上，而对投光照明的影响则主要表现在材料的反射特性上。材料的反射特性可分为三类：镜面定向反射或称规则反射、混合反射和均匀漫射。载体所使用的材料五花八门，由于不同材质的反射比不同，受光后的表现形态也千差万别，因此必须深化对载体所用材质的认识，以便于采用适宜的光源和灯具功率，同时如果处理恰当，还有利于节能。

2. 载体的颜色

载体表面的颜色和光色对载体夜景表现影响很大，两者的组合决定了最终的视看色彩，只有了解了不同载体表面颜色会对不同波长的光进行选择性反射（透射）这一材料物理属性，才能通过正确的光源选择得到期待的夜景光色效果。因此在进行照明设计时必须重视载体表面的颜色分析。

3. 载体的构造

载体的细部构造不容忽视，深入挖掘载体的结构特征，通过对载体的细部分析，不仅可以帮助确定灯具的适宜安装位置，避免因光源裸露对观看者和过往行人造成不必要的眩光干扰，以及裸露的灯具对白天景观的影响，同时还有利于灯具自身的保护以及安全性等诸多方面。

当然对于载体细部的分析应针对所有具有景观价值的载体，包括既有景观和新增景观，只有从载体的材质与色彩两方面深入地剖析，才能完全理解载体的光属性，从而才有可能选择适宜的照明光源与功率，同时只有完全了解载体的细部构造才有可能选择适宜的布灯方式。

图面技巧和注意事项

1. 应在项目总平面图上表示出重要的既有景观物照片与新增景观设计效果图。

2. 对载体材质与颜色的分析，务必注意各部位的变化。必要时对需要重点照明的部位在分析图中标注出来。

3. 在选取细部图时要选择典型的能说明问题的角度或部位。它可以是线图、效果图，也可以是实景照片。

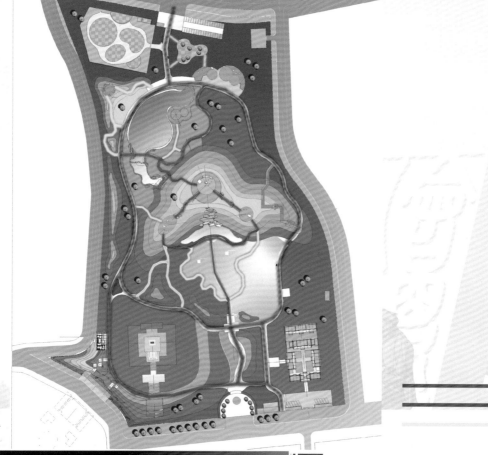

一级道路
二级道路
三级道路

鄂尔多斯市伊克昭公园照明规划设计

LPD 北京工业大学城市照明规划设计研究所
LPD 北京赛高都市环境照明规划设计公司

图面表现要素

项目总平面图、内外部交通的标识线、标示符号、图例及必要的文字说明等。

图面表现意图

交通分析的目的是了解设计空间内部及临近外部的道路分布状况，以及道路的主要使用形态，其目的在于分析城市公共空间内外的步行、车行等的交通使用状况，确定道路的重要程度与等级，明确公共空间内部人行和车行的流线和具体方式，为人流视线分析与功能照明设计做好准备。

内外交通分析

交通分析的目的是了解设计空间内部及临近外部的道路分布状况，以及道路的主要使用情况（如步行、车行等），以便为随后的视线分析打好基础。分析时应全面了解设计空间内部的所有道路情况，如主干道、次干道以及支路的情况，这关系到设计空间的使用方式和观赏方式，以及夜景观表现载体的选择问题。此外临近城市道路的状况也需要有所了解，因为从城市的角度考虑，设计对象除需要满足自身的夜景观需求外，往往还需要考虑对城市局部区域夜景观的贡献。

在对载体及其周边区域进行交通分析时，可以把道路分为内部道路和外部道路，在区分内部道路和外部道路的基础上又可以深化为内部主要道路、内部次要道路、外部主要道路、外部次要道路等以确定区域中道路的重要等级。人们在内部道路和外部道路上观看景观的角度、距离不同，感受也会不一样，在进行照明设计时应该综合考虑这些因素，统筹全局，只有这样设计才具有全面性和针对性。

道路等级的分析与划分，既是为了了解道路的主要使用形态，还是随后照明设计时功能照明照度标准选择的重要依据，通常情况下，道路等级越高需要提供的功能照明水平就越高，当然照明规划的道路分级可以与景观设计设定的道路分级有所不同，这与夜景观所要表达的主题有关，但大多情况下应与景观设计的道路等级设定保持一致。为了构成夜景观设计的整体，根据实际的需要，次干道也可能作为设计的重点来考虑。

对于硬质铺装较多的一些城市公共空间，如市政广场等，景观设计中，空间内部并没有明确的道路划分，此时则需要根据出入口的位置，分析人流在使用该空间的活动规律，从而确定交通的走向与路径。当然在此种情况下，最终确定的可能是一条或几条轴线，人们在这些轴线上运动过程中需要看到景观（不论昼景还是夜景），因此这些轴线需要按照景观轴线来考虑，在设计中应根据夜景观构成的需要确定这些景观轴线的重要程度。但轴线的存在与否并不是完全绝对的，这要从景观载体在所在空间内的分布状况与重要性来综合考虑。因此在进行交通分析时，应该根据实际情况具体分析，不能过于教条。以上等等分析都是为了下一步人流视线分析做好准备。

图面技巧和注意事项

1. 通常将空间内的道路划分为三个等级，即主干道、次干道及支路。
2. 各等级道路应该用不同的标识线加以区别，如用颜色或者线条粗细的变化来进行区分。
3. 当需要表现轴线时，同样主要轴线与次要轴线也应该有所不同，也可以用上述方式来进行区分。

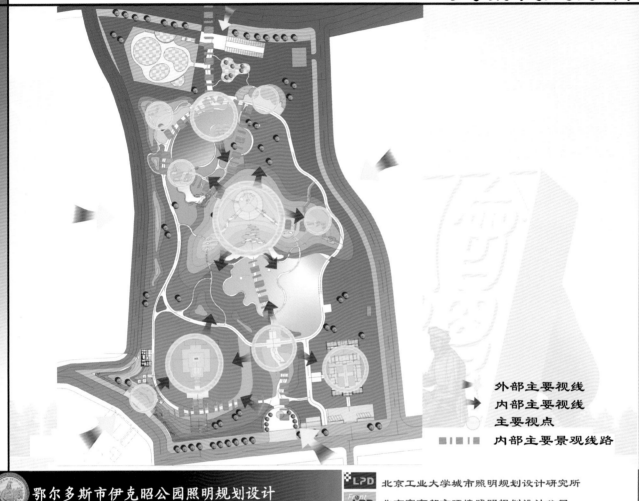

外部主要视线
内部主要视线
主要视点
内部主要景观线路

 鄂尔多斯市伊克昭公园照明规划设计

LPD 北京工业大学城市照明规划设计研究所
Front LPD 北京赛高都市环境照明规划设计公司

图面表现要素

项目总平面图、内外部人流路线的标识线、内外部视线、视觉焦点等的标示符号及图例等。

图面表现意图

人流视线分析是针对设计空间内及其周围主要人流的活动路线和人流的主要视线所进行的分析。目的是明确主要人流观察景观载体的方向、角度以及视点，区分近、中、远景的照明侧重点，以便在照明设计时按主次进行不同的处理，从而使人们在不同的距离处都能观赏到适宜的夜景观效果。

人流视线分析

视线分析的目的是了解人们在设计空间内部及临近外部道路上的观看对象，以及观看的主要形态（如步行、车行、驻足等），以便为随后的照明载体的选择和表现方式的选择打好基础。

内部人流路线是设计空间内部人流主要活动的路线。根据空间内部人流活动的主要路线来确定哪些景观载体靠近人流主要活动区，以便确定照明设计所要重点处理的载体。外部人流路线是设计空间外部人流主要活动的路线。根据空间外部人流活动的主要路线来确定哪些景观载体会对外部人流在视觉上产生重要的影响，以便今后重点处理。

观看的主要形态包括步行、车行、驻足三种类型。三种观看形态下的观看效果有所不同，一般情况下，车行只能看到景观照明的"大轮廓"，步行可以看到景观照明的整体效果，而驻足可以更容易地看到景观照明的细部表现。

景观载体可能从不同的方向、角度观看，应选取有代表性的视点及视线方向来考虑观景的效果，通常的视点包括近景、中景和远景三种类型。近景一般是指50m以内的近距离观景；中景一般是指50～300m的距离观景；远景一般是大约在300m以外的距离观景。视线分析时还要充分考虑到障景、隔景等问题。

内部人流视线是针对人们在设计空间内部的主要视点，以及从不同角度观察景观载体的视觉指向所做的分析。通过内部人流的视线分析，了解人们在各个观察点会注意到哪些景观载体以及看到载体的哪些部位，进而确定最佳观景视角和观景部位，以便有针对性地进行照明处理。视觉焦点是人们在白天或夜间视线的集中点，是人们关注最多的地方。它是经过视线分析以后的视觉焦点，可以是设计空间内部的建构筑物或自然的景物（如山体等）。它们是夜景照明的主体，设计时应该作为重中之重处理。

外部人流视线是人们在设计空间外部的主要视觉焦点，可以是内部的景观载体或设计空间的最主要边界面或某个局部，它们是照明设计时需要考虑的一个重要方面。在设计空间外部活动的人更容易看到高大的和近边的景观载体。各个路口，主要出入口都是人们观察景观载体的主要视点。

图面技巧和注意事项

1. 由于内部与外部人流路线作用不同，应该用颜色不同的标识线进行区分，内部与外部人流视线也是如此。

2. 人流视线分为主要视线与次要视线，可以通过箭头大小或颜色变化来进行主次区分。

3. 图中的视点应选择人们驻足时间较长，并能够识别景观载体的具有代表性的点。

LIGHTING PLANNING

aeduosidikezhaomingongyuanjiebiangguangchengjingzhaomingsheji

1. 表现载体人文自然特征

2. 表现夜景观特定意象

3. 表现民族精神

4. 表现地方特色

5. 沟通自然环境和人文环境

6. 塑造地区城市绿洲

光　　环境　　文化

鄂尔多斯市伊克昭公园照明规划设计

LPD　北京工业大学城市照明规划设计研究所

Front LPD　北京赛高都市环境照明规划设计公司

图面表现要素

必要的文字说明、示意图片及装饰用的图形、图案、色彩和构图等。

图面表现意图

设计原则实质上就是设计师针对具体设计项目，根据设计目的所确定的主要考虑方面和解决原则，通常需要从艺术、技术、节能环保和经济几大方面进行表述，目的就是为便于观看者快速、准确地理解设计师的设计指导思想，以及为设计理念的确定指出明确的方向，体现照明设计构思的思维方向。

照明设计原则

设计原则实质上就是设计师针对该具体项目的主要考虑方面和解决原则，这些都是一些指导设计的思想层面的内容，因此通常只能通过文字或语言来表述，为了便于观看者快速、准确地理解设计师的设计指导思想，就有必要将其通过图形及关键词全面而简明扼要地表现出来，因为设计师不同于文学家，是通过图面而非文字来表述工作内容的。

通常设计原则上需要考虑的主要包括艺术、技术、节能环保和经济等几大方面，设计师应根据设计项目的具体情况，有针对性地说明以上各方面的宏观解决思路，以便说明设计应该关注方面。由于上述内容的表述相对宏观、抽象，其中时常还会贯穿一些"晦涩"的专业术语，往往导致业主理解困难，如果再采用"一成不变"的、与设计项目明显关联性不强的"通用"表述方式，往往会造成观者的困惑，甚至反感，因此可根据具体项目的状况，重点就业主的主要关注点进行深入的说明也许更好，因为方案册中出现的任何部分都是设计师为说明某一问题而服务的。

通常业主最关心的是照明效果，也就是与艺术相关的部分，因此应重点予以介绍。故而有时也用照明设计方向（或目标）来进行说明。有关应该呈现什么样的照明效果，需要结合具体的设计空间，根据其用地情况、使用性质、景观布局以及设计目的等各方面的信息，经过深入的思考，最终确定设计所应体现的精神与风格，对其描述可从自然、人文、历史几大方面展开。

有关自然属性的表现是任何一个照明设计都必须关注的基础性问题，而有关人文、历史的表现是照明设计必须关注的文化层面问题，它在相当程度上决定了设计的品质、内涵以及特色的表现。由于不同的设计项目所处的区域、使用功能、景观主题等的不同，需要把握和表现的文化和形态都有所不同，因此设计师需要根据具体的设计项目状况做出恰当的设计思考与表述。

总之，照明设计需要借助光环境的物质属性去表现深层的文化内涵，通过光影的作用将光、环境、文化相融合，最终通过精妙的灯光设计创意，达到表现城市公共空间的主题特征，表现夜景观的特定意象，表现积极向上的精神，表现环境的特有意境，实现丰富环境夜景观氛围的目的。

图面技巧和注意事项

1. 关键词应按照重要程度排序，即从照明首先应表现的方面开始依次排序，注意排列顺序及逻辑性。

2. 图片的选择要能够表现出关键词的含义，便于人们理解文字说明，故应选择典型的视角及有代表性的图片。

3. 文字应简洁精练，并注意措辞与表意。

表现休闲娱乐自然之光——自然之光

再现自然静谧淳朴之光——生态之光

传承地域文化文明之光——文明之光

展望未来高新科技之光——科技之光

鄂尔多斯市伊克昭公园照明规划设计

LPD 北京工业大学城市照明规划设计研究所

Front LPD 北京赛高都市环境照明规划设计公司

图面表现要素

必要的文字说明、示意图片及装饰用的图形、图案、色彩和构图等。

图面表现意图

设计理念实质是照明设计中本质的表现，是在遵循夜景观本质性规律的指引下，对夜景观效果的外在表征的设计定位，也就是人们观看设计所实现的夜景观效果的视觉感受和心理感觉，也是设计构思的核心。它是帮助观看者将抽象的设计理念在脑海中建立形象的夜景观场景的重要一步。

照明设计理念

光本身的性质会使人产生不同的心理体验，给人的情感和精神上带来丰富的感受，光渲染的气氛对人的心理感受和光环境的艺术感染力有着决定性的影响。根据设计对象自身的特有内涵，运用光的基本特性，将城市公共空间的夜间形象进行艺术创造，就是设计工作的本质。

所谓设计理念就是描述设计空间夜景观效果的本质性反映，是夜景观内性的外在表征。因此设计理念实质是照明设计中本质的表现，它是设计构思的核心，也是灯光效果需要表现的重点。设计原则说明了设计师针对设计空间在设计时所考虑的主要方面，而设计理念则是在设计原则的指导下，经过设计师大脑的提炼与归纳所确定的设计定位。当然也有用设计定位或设计指导思想来表达的。

就像设计原则一样，都属于指导设计的思想层面的内容，因此通常也都是通过文字或语言来表述，同样为了便于观看者快速、准确地理解设计师的设计思想，有必要将其通过图形及关键词全面而简明扼要地表现出来，但表述的侧重点和内容有所不同，前者说明的是设计师考虑的方面或方向，而后者则是在遵循夜景观本质性规律的指引下，重点描述夜景观效果的外在表征。也就是人们观看设计所实现的夜景观效果的视觉感受和心理感觉。

因此对设计理念的提炼应在设计原则的基础上，根据其所确定的设计发展方向，经过设计师对脑海中形成意象的归类与总结，将内心的感知用简洁精练的文字进行概括，最终加以说明。这部分的凝练与描述非常重要，它是帮助观看者将抽象的设计理念在脑海中建立形象的夜景观场景的重要一步，处理得当的话，会迅速引起观看者的共鸣。当设计理念得到认同后，后述的具体设计过程与内容的接受就会顺畅很多；相反，如果不能得到认可，那么设计师设计的基础将会崩塌，其结果可能是毁灭性的，因此这也是考验设计师专业和把控设计能力的重要方面。

要想准确地传达设计理念就需要合适的方式，简单的文字描述显然不如图文并茂式的表现更明确，更易于直观形象理解，更易于打动人心，因此本页面的设计表现需要简洁精练、全面贴切，所选择的图片也应该尽可能精美，这样效果才能得到保证，切记一定"图要对题"，否则可能会适得其反。

图面技巧和注意事项

1. 关键词应按照重要程度排序，即从首先应表现的方面开始依次排序，注意排列的顺序与逻辑性。

2. 设计理念的文字说明要简洁易懂，醒目突出，各条理念的文字表述要求语句工整。

3. 表达设计理念的图片要选择有代表性的图片，并且应该考虑色彩搭配的因素，追求理想的图面效果。

（1）　鄂尔多斯市伊克昭公园景观设计

（2）　《关于进一步加强城市照明节电工作的通知》　建城函[2005]234号

（3）　《城市夜景照明设计规范》JGJ/T 163—2008

（4）　《城市道路照明设计标准》CJJ 45—2006

（5）　《民用建筑电气设计规范》JGJ/T 16—2008

（6）　《城区照明指南》CIE Pub. 136—2000

鄂尔多斯市伊克昭公园照明规划设计

北京工业大学城市照明规划设计研究所
北京赛高都市环境照明规划设计公司

图面表现要素

必要的资料、文件、标准、规范的名称及标准号（规范号、文件号）等。

图面表现意图

照明设计依据是针对具体的某一项目的设计所参考及依据内容的说明，目的是阐明设计的依据和资料的来源。设计依据一般包含景观类、文史类、文件类以及技术类等几大类，应根据设计时具体参考（参照）的内容填入，旨在帮助观看者了解设计所参照的具体内容，以及参照内容的全面性与科学性。

照明设计依据

照明设计依据是针对具体的某一项目的设计所参考及依据内容的说明，目的是阐明设计的依据和资料的来源。设计依据存在主次和类别的差异，由于项目类型千差万别，设计依据所包含的内容也各有迥异。显然应该列举出重要直接相关的资料，数量并不是越多越好，一般包含如下几大类内容：

1. 景观类：主要包括说明设计对象载体分布及其环境状况的资料，一般是景观设计与城市规划、城市设计的相关技术资料。至于市面上购买的城市旅游图、网上搜寻的卫星图以及实际测绘图等参考资料一般不必列入设计依据。

2. 文史类：主要包括说明设计对象人文历史的资料，一般是地方志、权威史料等相关资料。至于像小说、网上搜寻的传说以及口传等非官方参考资料一般不必列入设计依据。

3. 文件类：主要包括照明相关的国家部委颁布的相关文件，如《关于实施〈节约能源——城市绿色照明示范工程〉的通知》建城 [2004]97 号，《关于进一步加强城市照明节电工作的通知》建城函 [2005]234 号等文件。

4. 技术类：主要包括照明设计与电气设计的相关技术标准与规范，其中照明设计最主要的设计依据是《城市夜景照明设计规范》JGJ/T 163—2008，至于与室外景观照明密切相关的《城市道路照明设计标准》CJJ 45—2006，一般在城市公共空间内部照明设计时并不涉及，但对于其内部存在车行道路时具有参考价值。当然由于实际的项目千差万别，可能会涉及上述规范没有提及的方面，此时可参考 CIE 的标准或国外发达国家的标准，当然在同等条件下应优先选用 CIE 的标准。

至于电气设计相关的最主要设计依据是《民用建筑电气设计规范》JGJ/T 16—2008，此外还有供配电系统、线缆、防雷接地与电气安全等相关标准规范。这些不一定都要列入设计依据，用到哪些列入哪些，切不可将无关的内容也添加进去。

在此需注意，就技术标准与规范而言，对于同类标准规范，当国标颁布后就不要再使用地方标准了，而且写法应规范，应该既有标准名又有标准号。

图面技巧和注意事项

1. 设计依据应按照类别排布，各类别中的内容依重要程度依次排序。
2. 应选择与设计密切相关的内容列入，切不可将无关的内容也添加进去。
3. 书写方式应工整规范，标准规范等应既有标准名又有标准号。

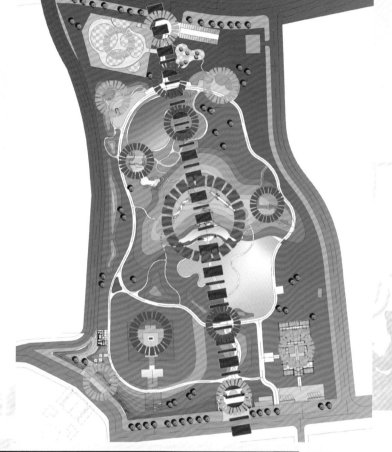

景观轴线
景观中心
主要景观
次要景观

鄂尔多斯市伊克昭公园照明规划设计

LPD 北京工业大学城市照明规划设计研究所
Front LPD 北京赛高都市环境照明规划设计公司

图面表现要素

项目总平面图、标示符号、图例及必要的文字说明等。

图面表现意图

照明结构分析是在上述各类景观设计的深入分析的基础上，本着尊重景观设计创意的思想，依据照明设计的特点与规律所进行的整体理性照明分析，目的是把握设计空间内各区域或节点的照明主次关系与空间联系，它相当于在尊重景观设计基础上的照明初步规划。

照明结构分析

照明结构分析的目的是在了解了设计空间内功能空间布局、景观载体分布、人流观景路线、使用空间方式等相互关系与影响的基础上，在尊重景观设计师设计创意的前提下，明确设计空间内各类功能与景观区域照明的主次关系与空间联系，简单地说就是针对景观设计或空间现状做出各空间节点的照明主次关系和景观轴线关系的判断，即针对景观结构分析所确定的各空间节点做出如下判断：

1. 照明的景观中心

所谓照明的景观中心就是设计空间中统领全局的景观照明核心区域或节点，它通常也是景观设计的核心景观区域，但由于昼间与夜间人们使用空间的行为方式的不同，也存在不完全重合的情况。该区域或节点通常载体相对较为丰富，或者地理位置相对较高等，总之在相当大范围内具有良好的可视性与观赏性，同时载体的形态或布局具有相对更明确表达景观设计主题的秉性，昼间具有作为设计空间的景观统领地位，当然通常夜间也会成为夜景观的统领与核心。

2. 照明的景观主次

除照明的景观中心之外，设计空间内还会存在若干其他的区域与节点，这些节点由于所处位置、载体丰富程度、景观设计考量等的差异，在景观设计的总体布局中不会呈现同等的"地位"，因此需要在功能空间布局、使用空间方式、景观载体分布、人流视线等上述各类分析的基础上，区分出各自景观的重要程度，这将决定随后照明设计所花"笔墨"的多少，这既是夜景观建设经济的考量，更主要是为了确保设计空间整体夜景观层次性的需要。

3. 照明的景观轴线

通常的景观设计一般都会设计若干景观轴线，因此在经过了上述各类分析后，设计师应完全掌握和消化了景观设计的主旨与特点，在此基础上确定照明的景观轴线。为什么要做这项工作其实道理很简单，因为景观照明规划设计的头等重要依据就是景观设计，而且夜景观设计与景观设计不能"南辕北辙"，因此既然景观轴线是景观设计的主要部分，因此对夜景观设计当然通常也是主要的构成要件。

图面技巧和注意事项

1. 采用颜色变化或标示符号的大小变化等方式在图中区分出各景观照明节点的重要性差异。
2. 在图中采用显眼的方式明确标示出照明的景观中心。
3. 在图中标示出表征主要照明节点重要空间关系的景观轴线。

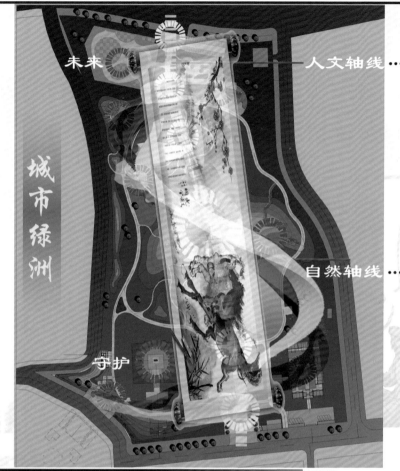

未来

城市绿洲

守护

人文轴线……民族·历史·和平

淘不尽历史浪沙，
追梦忆英雄史话。
刀影封阁定盟约，
六旗交融宁和达。

自然轴线……自然·山水·人家

放牧阴山马蹄声，
塞外风光草原情。
侧听琴弦黄河畔，
大漠人家孤烟凝。

鄂尔多斯市伊克昭公园照明规划设计

LPD 北京工业大学城市照明规划设计研究所
Front LPD 北京赛高都市环境照明规划设计公司

图面表现要素

项目总平面图、标示符号、示意图片、图例及必要的文字说明等。

图面表现意图

照明设计意象是对整个设计的总体方向形成的一种纲领性的把握，为下一步的具体深化设计确定明确的目标。目的就是在设计之初对整个照明设计总体方向的把握，表现为在设计开始之时的一种信念，用来表现设计空间特有的内涵或形态，并且有机地结合地域文化，是推动设计前进的一种动力。

照明设计意象

　　照明设计意象的目的是为了优化设计空间夜间的空间结构，形成"形神"兼备的夜景观效果，从而体现设计的内涵与特色。显然景观照明仅仅通过空间组织来表现设计空间的结构是远远不够的，因为这仅仅表达了设计空间的"形"，更重要的是要凸显设计空间的"神"，也就是夜景观所呈现和表达出的意义，应成为人们解读空间结构的视觉引导。

　　"意象"是一个抽象的概念，是物象与情意的融和。夜景观意象就是由夜间环境所形成的印象或者概念，它是以照明"物化"的独特方式，利用人类的联想能力，有意识地引导观赏者的情绪和联想，从而达到并表现设计师的设计主旨，以便用灯光表现景观照明的深层次内涵。因此它并不是明确的具体实施方法，而是一种方向性设计理念。有了这样一种意象，就有了设计的灵魂，可以引领着照明设计不断地深入明晰。

　　夜景观意象的提炼方式一般有整体形（就是将设计空间整体用单一的一种形象进行意象表达）和组合形（就是利用独立式、穿插式的组合方式进行意象表达）两种。而表达方式又有直意法（通过具象或明确的形态或文字来表达夜景观意象）和转意法（利用特定的形态或文字（如同声字），将照明意象的形体内涵化、意义化，间接地表达夜景观意象）两种。照明意象的形成是一个观察、感受、酝酿、表达的过程，具体构思时应注意以下几个方面：

　　1. 照明设计意象蕴涵着一种对于任何观赏者都很有可能唤起强烈意象的特性，因此，设计者要以人为本，从观赏者的角度出发，使得设计意象超脱具体的"形似"，提炼出抽象的"意"。

　　2. 应根据设计空间的不同形态特点，考虑设计空间各个区域或节点的构成关系，采用最能传达设计理念的照明意象，使得设计空间的夜景观形象更加丰富，从而起到协调各节点照明的作用。

　　3. 照明设计意象不只是设计师的主观意象，要考虑它的可实现性，它不是虚幻的、无形的，要变得可视可再现，必须能够运用恰当的照明方式将其形象地表现出来，如果意象仅仅体现了设计师的精妙构思，但是不能运用照明手段将光形象化，则无法达到理想的设计目标。

图面技巧和注意事项

　　1. 意象示意图片的选择要贴切、易懂，必需能够传达出照明设计的立意与主题。

　　2. 在图面表达时，将照明结构图做底图，上覆意向示意图片，重点突出意象与实际照明结构的关联性。

　　3. 意象的说明文字要简洁，字的大小不宜过大，不应在图面中占主要地位。

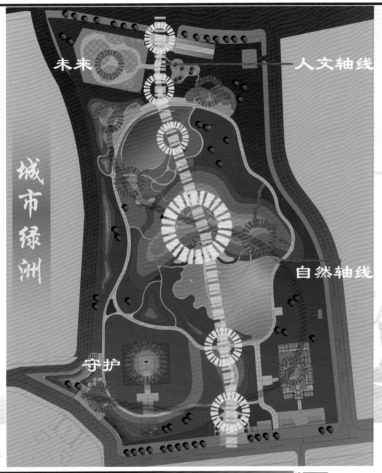

未来　　　　　　人文轴线

城市绿洲

自然轴线

守护

自然轴线
人文轴线
人文轴线节点
自然轴线节点
独立节点

鄂尔多斯市伊克昭公园照明规划设计

LPD 北京工业大学城市照明规划设计研究所
Front LPD 北京赛高都市环境照明规划设计公司

图面表现要素

　　项目总平面图、标示符号、图例及必要的文字说明等。

图面表现意图

　　照明结构规划就是确定设计空间内景观照明空间架构的照明规划，以确定设计空间内各类功能区与景观点的照明空间关系，通过合理的规划与组织使各景观点形成有机的联系，从而保证设计空间景观效果的均衡与整体观景的优异，并保证整个设计空间具有结构合理、主次有序、层次分明的照明效果。

照明结构规划

照明结构规划的目的是最终确定设计空间内的照明空间架构，形成照明设计的"纲"与统领。它是基于照明的特点与规律以及照明设计师的设计创意所作的源于"景观设计"又高于"景观设计"的夜景观艺术再创造。由于照明结构规划是建立在照明结构分析基础之上的艺术再创造，因此必须尊重照明结构分析的结果，而照明结构规划工作的重点是空间结构关系的优化与组织。通常将设计空间内各类景观节点与载体按系统组织为景观中心、景观轴线、独立节点、主要出入口等。规划时并不仅仅只是考虑各个节点载体的因素，而是从照明的功能性与景观性出发，综合考虑安全、效果、城市夜景观贡献、节能等因素后得出的整体考虑。在进行具体的规划时应考虑如下几个方面：

1. 景观的相互联系

在照明规划时，通过合理的分析与组织，将公共空间中的部分景观点有机地连接起来就可以形成美妙的观赏路线与视觉走廊，这就是所谓的景观轴线规划的作用，它是照明规划的最重要工作之一，显然景观轴线的规划对于观赏者来说应起到夜景观的导向作用。具体规划时可以根据景观点的分布位置和重要性差异，在原有景观设计轴线的基础上做出适当的增减，最终确定主副等类型的多条景观轴线。

2. 景观的均衡性

公共空间照明规划的另一项重要工作是保证空间中景观照明的均衡性，尽量避免景观点过于集中以及部分区域景观点的缺失。总之均衡性的把控是保证空间照明整体效果的一项重要工作。必要时可以将一些不很重要的景观点或区域设定为游离于景观轴线的独立节点。

3. 观景的效果

由于昼间与夜间的目视距离差异很大，因此观景时的节奏感觉完全不同，照明规划时有关照明区域或节点的选择不可完全拘泥于景观设计，应根据各景观轴线上景观点的位置与数量以及景观轴线观景效果的整体构思，合理地进行增减，以确保各景观轴线具有良好的夜景观节奏，在实现"步移景异"的同时，避免夜景观的"断线"，从而最终保证良好夜景观效果的实现。

图面技巧和注意事项

1. 在图中采用显眼的方式明确标示出景观中心。

2. 在图中标示出表征主要节点重要空间关系的景观轴线。

3. 采用标示符号的颜色变化或形态变化等方式在图中分别区分出各景观轴线所串接的节点及独立节点。

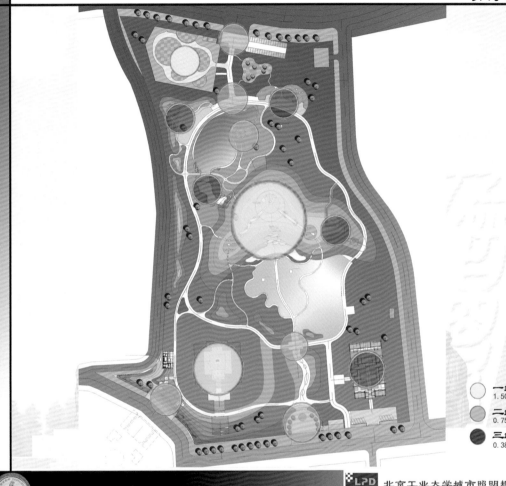

一级亮度区域
1.50cd/m² （20lx）

二级亮度区域
0.75cd/m² （10lx）

三级亮度区域
0.38cd/m² （5lx）

亮

暗

鄂尔多斯市伊克昭公园照明规划设计

LPD　北京工业大学城市照明规划设计研究所
Front LPD　北京赛高都市环境照明规划设计公司

图面表现要素

　　项目总平面图、标示符号、图例、亮度设定值及必要的文字说明等。

图面表现意图

　　照明亮度规划是照明设计的具体技术要求之一，其目的是保证照明效果的如期实现，从而使设计空间在满足功能照明的前提下，通过亮暗的相互衬托，在实现观赏夜景良好效果的同时达到经济节能与环保，所以说亮度规划将决定设计空间的整体亮度环境。

照明亮度规划

照明亮度规划是照明规划技术控制的重要任务之一，它是具体的照明设计技术要求，其目的是保证照明效果的如期实现与夜景观建设的科学合理。设计空间要在满足人们活动需要的前提下，有亮暗的相互衬托，以实现夜景环境亮与暗的艺术配合，同时达到观赏夜景的明亮感觉与经济节能之间的优化。即在满足基本的功能照明需要的前提下，使景观照明以合理的"光亮"呈现。照明规划的核心内容是照明结构体系的建立，所以其亮度规划也就决定了设计空间的整体亮度环境。

对构成照明结构体系中节点的照明量化控制通常使用平均亮度。节点亮度值可依据前述景观结构分析所确定景观节点特征进行选择，通常节点越重要亮度水平越高。它既是对设计空间亮度的合理安排，也是对照明效果的总体把握，以保证当亮则亮，该暗则暗，从而使设计空间的形态结构通过亮与暗的关系得到整体体现。

在进行照明亮度规划时，首先需要对设计空间各节点进行亮度分级，其次是赋值的问题。在平均亮度规划赋值时，应根据功能照明与景观照明的整体效果要求以及均衡性把控与节点所在区域背景亮度水平的高低来确定，因此不同区域的平均亮度规划值都可能有所不同。但须注意，各节点的功能照明必须满足《城市夜景照明设计规范》的要求，总之，由于设计对象千差万别，除功能照明的要求外，对构成要素之间并没有统一的景观照明亮度要求，因此应根据照明设计的整体构思与规划思考确定所需的亮度值。例如景观中心节点的亮度应最高，从而使景观对象主次分明，重点突出。在进行亮度规划时，通常将亮度划分为 2 ~ 3 个级别，一级表示亮度等级最高为 $1.50cd/m^2$（约20lx，通常对应景观中心），其余依次为 $0.75cd/m^2$（约10lx）和 $0.38cd/m^2$（约5lx）。

此外，对照明结构规划中节点间的连接线——道路等线性空间的照明量化控制通常使用水平面平均照度进行控制。通常道路的照度水平必须满足《城市夜景照明设计规范》的要求，对于道路的照度水平选择，可根据前述交通分析所确定的道路等级进行选取，通常道路等级越高照度水平越高。通常一级道路及景观轴线道路的平均照度一般定为10lx；而二级以下道路的平均照度一般定为 2 ~ 5lx。

图面技巧和注意事项

1. 应采用颜色变化或标示符号的大小变化等方式在图中区分出各景观节点的亮度等级。

2. 通常亮度等级不宜超过三个级别，否则实际中既不便实现，也会影响图面的表现效果。

3. 各亮度等级所对应的亮度数值最好在图例中表示出来。

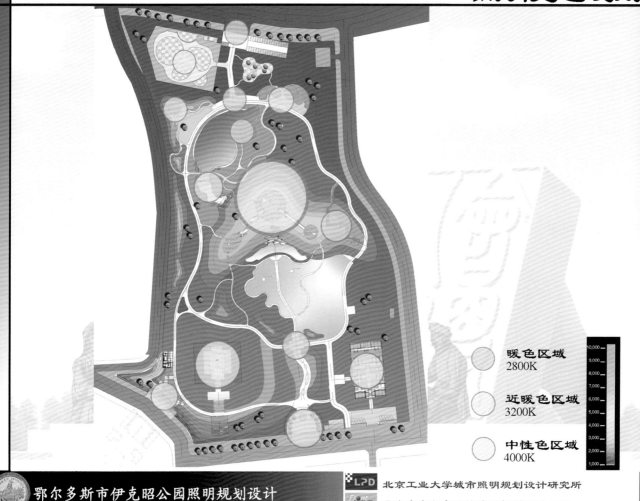

暖色区域
2800K

近暖色区域
3200K

中性色区域
4000K

鄂尔多斯市伊克昭公园照明规划设计

北京工业大学城市照明规划设计研究所
北京赛高都市环境照明规划设计公司

图面表现要素

项目总平面图、标示符号、图例、色温设定值及必要的文字说明等。

图面表现意图

照明光色规划是照明设计的又一具体技术要求，照明光色规划的目的是保证照明效果氛围的如期实现，它是在照明结构体系的基础上，进一步做出符合审美要求的光色控制，通过不同光色的相互衬托，塑造夜景观的个性魅力，提升整体形象。所以说照明光色规划将决定设计空间的整体氛围。

照明光色规划

照明光色规划的目的是为了照明环境氛围的塑造，就是在照明结构体系的基础上，进一步做出符合审美要求的光色控制，从而塑造夜景观的个性魅力，提升整体形象。光的色彩是景观照明中重要的表现手段，能够起到吸引视线的作用，它不仅可以反映夜景观的多姿多彩，而且还能够增加方位或方向的识别。但彩色光的过多使用，却可能对夜景观起到负面的影响，降低夜景观的整体品质。

光色控制以色温为衡量指标，光源色温不同，光色也不同，从而带来的光色感觉也不尽相同。对光色进行规划首先要清楚色彩体系。光色体系是一个完备的夜景观序列系统，这个序列系统中包含大量的景观元素，这些景观元素都具有比较明确的功能和用途，它们对夜景观所起到的作用也不尽相同，光色规划要用灯光效果区分景观元素的主次和表达景观的主题。在此基础上，再结合景观元素的性质、环境状况等进行光色匹配。通常景观照明对象主导光色由表现主题所决定，其他景观元素则根据其载体形态特征和重要性依次形成次主导色或特征色。因此同一景观轴线上的各节点应选择相同的主导色。

由于任何一个区段照明光色往往不止一种，因此光色感觉是由视觉环境中若干光色共同作用所形成的主色调所控制的，对照明结构体系进行光色规划就是对主色调的规划，色温的划分要根据主题及区段特点的不同，即所需塑造的环境氛围来制定。为保证光色的协调，照明的光色规划应以照明结构体系为基础。针对体系中的各个照明区域，根据他们各自的性质和照明定位，同时考虑与周边的光色关系，可将其色温有针对性地进行变化。通常照明的色温一般在 2000 ~ 5500K 之间分 3 个级别左右进行控制。此外，照明的光色规划时，还应注意以下几个方面：

1. 应充分挖掘地域文化的特点，结合设计空间的形态，注重文化底蕴的表现，选择适宜的光色匹配。
2. 若要体现传统性，色温的数值可适当降低，光色以偏暖色的橙黄色光为主，这样便可获得传统感或温暖热烈的夜景观效果。
3. 若要体现现代性，色温的数值可适当调高，光色以偏冷色的蓝白色为主，这样便可获得现代感或肃穆沉静的夜景观效果。

图面技巧和注意事项

1. 应采用颜色变化或标示符号的大小变化等方式在图中区分出各景观节点的色温变化。
2. 通常色温种类不宜超过三个级别，否则实际中既不便实现，也会影响图面的表现效果。
3. 各色温种类所对应的色温数值最好在图例中表示出来。

鄂尔多斯市伊克昭公园照明规划设计

北京工业大学城市照明规划设计研究所
北京赛高都市环境照明规划设计公司

图面表现要素

节日照明效果图、必要的文字说明等。

图面表现意图

节日的照明效果表现图是照明"最出彩"时刻的照明景象描述，其目的是帮助业主了解并确认照明设计效果。作为最重要的照明效果图应该充分地予以突出，应能够达到使人过目后有为之一振的感觉。这样有助于提高观看者的"印象分"，加之方案整体科学合理的技术处理，更便于观看者接受照明设计方案。

节日照明效果表现

照明效果表现图是照明设计最终效果的直观、形象的图形化描述，而节日的照明效果表现图是照明"最出彩"时刻的照明景象描述，其目的是帮助业主了解并确认照明设计效果，同时也能帮助设计师最终审视、检查自身设计的创意与灯光表现的外在形式美是否吻合，还能够为施工建设者提供照明实现后的效果参考。效果表现是对于真实或者虚拟场景的模拟，表现方式很多，如计算机模拟、手绘、模型等都可以作为效果的表现手段，目的就是将设计师的设计理念与效果传达给业主，因此不论手法如何，只要达到上述目的即可。

为了保持夜景观的新鲜感，造成富有变化的夜景观效果，以及实现照明节能环保的时代要求，有必要将景观照明的效果分时段以不同的面貌展现，因此通常将表现的时段划分为平日与节日两种模式，但考虑到实际项目的特殊性，有时也分为平日、一般节日及重大节日三种模式。显然不同时段的夜景观效果应有所不同，设计时应注意予以区分，以烘托出不同时日的气氛。为便于业主了解各个时段的夜景观效果，有必要提供不同时段的照明效果图。

此外，照明效果表现图的另外一个重要功用便是帮助设计师最终审视、检查自身设计的创意外在形式美是否符合审美的要求，因为设计创意产生于大脑，并非真实的场景，而真实的场景效果是需要通过照明技术才能够实现的，现实中设计经验的多寡会直接决定两者之间差异性的多少，因此照明效果表现图完成后，设计师应参照该图纸全面审视自己的照明设计，一方面审视设计自身是否存在缺陷，另一方面审视效果图制作是否存在缺陷。

具体来说，对设计自身的审视首先要观看照明的效果是否就是自己脑海中想要的效果，其次再进行技术性检查，检查主要包括夜景观轴线是否明晰，整体均衡性是否和谐，景观中心是否突出，光色运用是否合理等。而对于效果图制作的审视主要检查亮暗布局是否符合照明规划要求，光色运用是否真实，载体建模是否有误，渲染视角是否最佳等。总之对设计的最终审视是一项相当重要的工作，它既是保证设计质量的重要环节，也是保证设计方案能够顺利通过甲方认可的重要前提。

图面技巧和注意事项

1. 在图面渲染视角的选择时，应根据设计对象的具体情况选择最能够展现照明效果美感的视角制作鸟瞰效果图。

2. 渲染灯光的光色选择要准确，否则照明效果会产生失真，也会影响效果图的品质。

3. 图面中礼花等点缀物要简洁，否则会影响图面表现内容的主次关系，起到不必要的负面影响。

鄂尔多斯市伊克昭公园照明规划设计

北京工业大学城市照明规划设计研究所
北京赛高都市环境照明规划设计公司

图面表现要素

平日照明效果图、必要的文字说明等。

图面表现意图

平日的照明效果表现图是对不同时间段照明氛围设计安排中的一种场景，目的是让观看者更清晰地观察和了解照明设计方案，并更好地感受照明设计的效果。当然这也是让人们对照明工程完成后的效果提前有一个形象和直观的预览，同时给业主一个视觉上的承诺。

平日照明效果表现

平日的照明效果表现图是照明"常态"时刻的照明景象描述，它是对不同时间段照明氛围设计安排中的一种场景，其目的同样是帮助业主了解并确认照明设计效果，同时也能帮助设计师最终审视设计的内容，以及为施工建设者提供照明实现后的效果参考。效果表现同样可以采用计算机模拟、手绘、模型等方式进行效果表现，只要能传达设计效果即可。

为实现不同时段的夜景观效果与照明节能，照明设计时可以对灯具、光源采取分路控制的方式，使得灯具的亮暗闭启等能够在不同的时间段得到分别控制；或者对光源的光色进行控制，通过不同光源、光色的组合来达到各种不同效果。

有关通过照明效果图最终审视照明设计内容方面，同样需要审视设计自身是否存在缺陷，以及效果图制作是否存在缺陷。对于效果图制作的审视内容与前述相同。而对设计自身的审视首先是检查存留的景观照明数量是否合理，以及照明的结构是否相对合理；其次有关技术性检查，主要是功能照明是否完善等。特别是公园绿地等城市空间的照明设计，一定要关注防范照明的问题，这些场所的照明死角容易给人带来不安全感。因此在这类场所中一定要尽量避免出现照明死角，以提高安全防范性。在选择照明方式时，既要考虑水平面照度的需求，还需要考虑垂直面照度的要求，这些都是安全防范照明的基本要求。

在效果图制作过程中需要将功能照明的部分表现出来，例如设计空间内的商业照明等灯光，这样一方面可以增强图面照明效果的"热闹"程度，另一方面也便于审视和发现功能照明的缺失部分。当然在必要时，为了效果图的美观，可以对效果图照明效果进行"微调"，但这种微调必须建立在"事实"的基础上，不能"无中生有"，也不能"视而不见"。这就引申出了一个有关效果图是否需要再现真实的问题，笔者认为效果图的作用是在不断地接近真实效果的同时把设计的特点、品质、风格表达出来，所以，效果图可以是一个艺术品而并不一定非要是一张完全写实的照片，但要把握一个度，效果图不能和最终实现的效果差别过大，以免损失身为一个设计师最基本的素质。

图面技巧和注意事项

1. 在鸟瞰效果图渲染视角的选择时，应与节日照明效果图的表现视角相同，以便于两者的比较。
2. 渲染灯光的光色选择要准确，注意功能照明的图面"还原"。
3. 必要的文字说明要简洁，字号不宜过大，不应在图面中占主要地位。

鄂尔多斯市伊克昭公园照明规划设计

LPD 北京工业大学城市照明规划设计研究所

Front LPD 北京赛高都市环境照明规划设计公司

图面表现要素

景观中心照明效果图、必要的文字说明等。

图面表现意图

景观中心是设计空间中统领全局的景观核心区域或节点，构成了设计空间的视觉中心，具有设计空间夜景观的核心与统领地位，通过对其"精致"的照明设计可以起到画龙点睛和点明设计主题的作用。只有对景观中心的恰当照明处理，才有可能创造出一个有主有次、亮暗分明、丰富且有层次的夜景观效果。

景观中心照明效果表现

  照明设计空间的照明表现是由景观节点、景观轴线等不同的部分所构成的，各部分由于自身载体特征的不同照明的处理手法也有所不同，但整体效果图的图幅有限，很难看到细节，只有将这些细部放大，通过细部照明详图才能看得更加清晰。通过照明设计的细部处理刻画，才能使人们对载体的照明处理的文化内涵产生更深刻的理解。同时通过放大了的局部，让人们更加明确了照明设计方案的细部做法，又增加了对照明设计方案可行性的论证。通常情况下应按照从主到次的顺序展开细部介绍，即按照景观中心、景观轴线、轴线节点、独立节点、主要出入口及其他的顺序展开。

  所谓景观中心就是设计空间中统领全局的景观核心区域或节点，构成了设计空间的视觉中心，具有设计空间夜景观的核心与统领地位，通过对其"精致"的照明设计可以起到画龙点睛和点明设计主题的作用。景观中心的照明设计是设计空间各区域或节点设计的重中之重，是整个设计过程中最精华的部分，其设计应充分体现设计者的设计思想与精髓，并应以创造性的思维，构思一个让人"眼前一亮"的照明表现效果。因此有必要多花气力、集思广益、多方案比较，从而获得最优的设计方案。

  对于照明的创意设计方案可以是千变万化的，但方案的可行性是建立在技术的基础之上的，载体通常是由各个不同的部分组成的，如基础、造型、材质等，它们共同组成了一个有机的整体，而且每一个角度观察的效果却可能不尽相同。照明设计需要抓住这些异同，进行分析，只有这样才能全面了解各个不同视角的视觉特征和视觉要求，也只有这样才有可能避免设计中出现疏漏。

  通过对载体的深入细致分析后，首先应该考虑照明的功能性，在明确了这些问题之后，通过进一步的景观照明分析，对设计对象的各种技术要求加以提炼，并通过不同的照明处理手法，把照明方式、灯具、光色加以不同方式的组合，最终形成一个符合规划及设计要求的照明效果展现给观者。

  当然在通常情况下景观中心也是设计空间中最亮的部分，其亮度不仅体现在功能照明的照度水平取值方面（如果有人群活动区），还体现在照明表现载体的亮度上，在确定亮度时应兼顾自身、景观轴线、周边亮度等各种影响因素。

图面技巧和注意事项

  1. 在效果图渲染视角的选择时，由于局部区域范围较小，应根据地形变化选择小鸟瞰或人视角表现。

  2. 渲染灯光的光色选择要准确，亮暗关系要明确。

  3. 必要的文字说明要简洁，字号不宜过大，不应在图面中占主要地位。

 鄂尔多斯市伊克昭公园照明规划设计

北京工业大学城市照明规划设计研究所
北京赛高都市环境照明规划设计公司

图面表现要素

景观轴线照明效果图、必要的文字说明等。

图面表现意图

景观轴线是设计空间中的主题景观带，构成了设计空间的视觉走廊，具有设计空间夜景观的次核心与统领地位，通过对其"准确"的照明设计可以起到展示设计主题的作用。只有对景观轴线的恰当照明处理，才有可能创造出一个跌宕起伏、亮暗有序、丰富且有层次的空间夜景观效果。

景观轴线照明效果表现

所谓景观轴线就是设计空间中统领某一设计主题的景观带，它通常串接若干景观节点，构成了设计空间的视觉走廊，具有设计空间夜景观的次核心与统领地位，通过对其"准确"的照明设计可以起到明晰设计主题和把控景观节奏的作用。因此景观轴线的照明表现应就不同轴线分别展开介绍。

景观轴线的照明设计是设计空间照明设计的次重点，其设计将充分体现设计者的规划设计思想与统领全局能力，设计师应通过巧妙的构思，将若干节点有机地联系起来，让人产生"流连忘返"的照明视觉效果。由于设计时不可避免地会受到各节点的位置距离、载体形态、节点分主题、道路连接方式等的制约，都可能会影响到方案的表现方式及轴线的虚实构成等。

由于景观轴线的照明设计会涉及若干节点，而且通常是由各个不同的节点以及节点间过渡空间上的载体所构成，它们共同组成了一个有机的整体，而且每一个载体都有各自独立的主题与特征，在每一空间位置上观察的效果却可能不尽相同，但它们的景观设计却可能有相同的主题。照明设计需要抓住这些异同，进行分析，只有这样才能全面了解各个不同节点的载体特征和视觉要求，也只有这样才有可能充分调动各类载体为景观照明的设计主题服务。

通过对载体的分布与形态特征深入细致分析后，首先应该考虑照明的相互关联性，也就是说首先要解决节点间过渡空间的亮暗处理问题。在明确了这些问题之后，通过进一步的景观照明分析，对各节点照明表现方式加以提炼，以形成明确的设计任务链，并通过不同的照明处理手法，把照明方式、灯具、光色加以不同方式的组合，针对任务链的各部分一一展开设计，最终形成一个符合规划要求的线状照明效果展现给观者。这里需要特别说明的是尤其需要关注节点间过渡空间的照明设计问题，因为它的一个重要使命是"承前启后"，如果处理不好将会使景观轴线产生"断线"的现象。

当然在通常情况下景观轴线也是设计空间中相对较亮的部分，其亮度不仅体现在节点的照明亮度上，还体现在节点间过渡空间的亮度上，在确定亮度时应兼顾节点自身、景观轴线主题、周边节点亮度等各种影响因素。

图面技巧和注意事项

1. 效果表现上可以采用鸟瞰整体表现，也可以采用表现部分重要处理区段的方式。
2. 在图中应能够明晰地看到照明处理方式及效果。
3. 必要的文字说明要简洁，字号不宜过大，不应在图面中占主要地位。

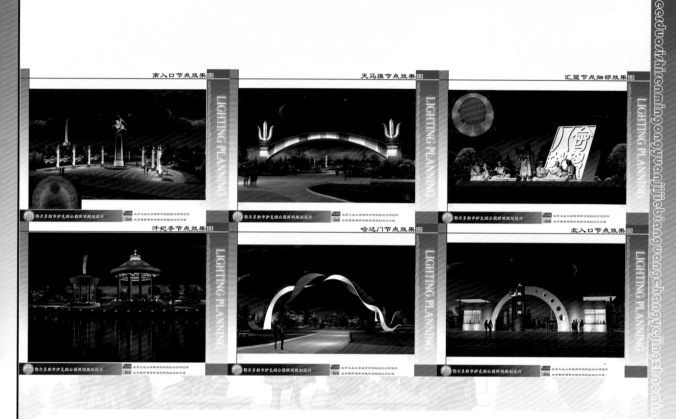

鄂尔多斯市伊克昭公园照明规划设计

LPD 北京工业大学城市照明规划设计研究所
Front LPD 北京赛高都市环境照明规划设计公司

图面表现要素

细部照明效果图、必要的文字说明等。

图面表现意图

景观轴线是设计空间中的主题景观带，构成了设计空间的视觉走廊，其中重要的一个环节就是轴线上的各个景观节点，通过对其"细腻"的照明设计可以起到强化设计主题的作用。只有将照明设计中精彩的部分通过特写的方式展现出来，才能让人们清晰的了解照明设计的细部做法以及所要表现的照明主题。

景观轴线 1 上重要节点照明效果表现

由于景观轴线的表现主题有所不同，因此轴线上的重要节点的照明表现也应该就不同的轴线分别展开介绍，各部分由于自身载体特征的不同，照明的处理手法也有所不同，因此有必要就各景观节点的照明处理状况进行详细介绍。当然照明表现效果图应挑选设计最为精彩的部分来表现，它会为照明设计起到锦上添花的作用，精彩的局部不仅可以为照明设计增光添彩，更可以体现出一个照明设计师的设计功底。为便于人们理解设计思想且避免混乱，当照明处理有特别"出彩"的地方，值得予以强调的时候，可以按照从主到次的顺序展开介绍，但通常情况下，大多采用自然顺序的方式展开介绍。

景观轴线通常串接若干景观节点，构成了设计空间的视觉走廊，起到表述某一设计主题的作用，而景观节点的合理组织有利于景观节奏的把控作用。对于景观轴线上若干节点的照明设计必须依据各节点的载体特征与表现主题而展开。虽然每个载体都有各自独立的景观设计主题与特征，且各载体的照明方式、风格会因为载体的自身属性、所处位置与主要观景视角的不同而有所侧重，但其照明设计必须按照相同的景观轴线表现主题要求去构思设计，使得照明设计在文化层面上有所体现又便于观者接受，只有这样才有可能充分调动各类载体为景观照明的设计主题服务。

通过对各景观节点的载体分布、形态特征与景观设计主题深入分析后，首先在照明亮度规划所确定的整体亮度的约束下，确定功能照明的照度水平与载体景观照明的表现亮度，然后再依据节点的载体分布位置与形态确定适宜的照明表现方式，并借助照明方式、灯具、光色的科学组合，最终形成一个符合规划要求的、主题明确的、各具特色的照明效果。

但须注意，景观轴线是由各个节点以及节点间过渡空间所构成的，它们共同组成了一个有机的整体，因此两者是相互关联的，两者的设计需要考虑相互呼应与配合的问题。此外还需注意照明处理手法和照明所要表达的理念是相辅相成、缺一不可的关系，它们共同组成了照明设计的内涵与形式，因此必须从内涵开始构思，然后选择适宜的照明手法加以表现。当然若存在两条以上景观轴线时，还需要考虑轴线间的呼应与差异性表现等问题。

图面技巧和注意事项

1. 在效果图渲染视角的选择时，通常选择人视角表现。
2. 渲染灯光的光色选择要准确，应突出节点中主景及选择最适宜的角度进行照明表现。
3. 必要的文字说明要简洁，字号不宜过大，不应在图面中占主要地位。

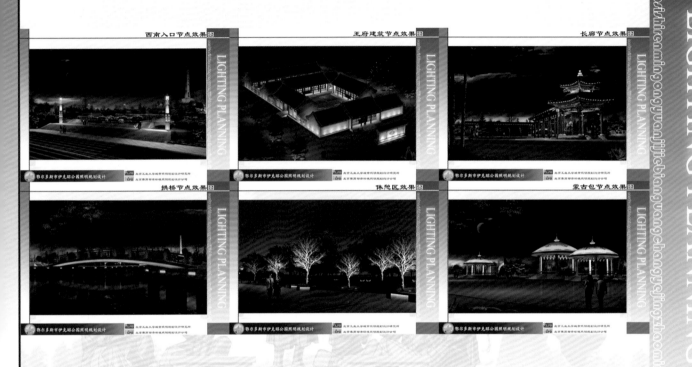

鄂尔多斯市伊克昭公园照明规划设计

北京工业大学城市照明规划设计研究所

北京赛高都市环境照明规划设计公司

图面表现要素

细部照明效果图、必要的文字说明等。

图面表现意图

景观轴线是设计空间中的主题景观带，不同的景观轴线可以具有不同的表现主题，通过对其"细腻"的照明设计可以起到强化表现主题的作用。只有将景观节点与载体进行适宜且巧妙的照明表现，并通过特写的方式展现出来，才能让人们清晰的了解照明设计的含义与效果。

景观轴线 2 上重要节点照明效果表现

由于景观轴线规划设计的表现主题有所不同，可能有实轴与虚轴之分，因此轴线上重要节点的照明表现方式也会有所不同，因此同样有必要就各景观节点的照明处理状况进行详细介绍，同时既可以按照从主到次的顺序，也可以按照自然的顺序展开介绍。

景观轴线的规划设置是为了表述某一设计主题，同样景观轴线上若干节点的照明设计必须依据各节点的载体特征与表现主题而展开，照明设计必须按照景观轴线表现主题的要求去构思设计，只有这样才能达到设计主题的照明效果与意向，最终形成一个符合规划要求的、主题明确的照明效果。

照明设计目的就是结合设计主题将光的自身属性淋漓尽致地表现出来，用灯光突出载体的形态特征，塑造独特夜景观形象，创造出一种艺术的光照效果，以强调空间自身的功能、文化内涵以及在周围环境中的地位。照明设计表达的是设计师的思想，虽然不同节点的设计有不同的侧重点，但都应该依据节点本身的属性来确定所希望达到的灯光艺术效果，明确突出节点的性状特点、使用功能以及在轴线上的地位，充分体现出景观设计师的设计理念及意图。不同性质的节点与载体，应运用不同的照明风格和手法，以此来传达节点在轴线上的地位、形象以及所表达的精神。

由于照明器具与控制的技术进步，照明的表现形式已变得越来越丰富。设计中可以通过控制灯具、光源等来创造出各种不同的表现效果。特别是随着 LED 光源的大量使用，更为设计师提供了各种照明效果变化的可能，在照明设计中除使用传统的静态照明外，还可以考虑采用动态照明，在使用动态照明的情况下（此时最好使用动画来表现其照明效果），绝不是简单的动起来即可，而是应该从设计手法及光文化的角度，利用 LED 光源的特性，从更深的层次去挖掘广义的动态照明，通过照明方式或光色的变化创造出更多的表现形态。时间是流动的，光是灵动的，通过动态照明可以创造时间、空间上的不同变化。为了强调夜景照明的这种时间与空间上的变化，必要时可以创造诸如四季的更迭等各种各样符合设计空间主题要求的夜景观效果，在每个季节都给设计空间穿上符合其自身性格的外衣，使每一个季节都有着不同的面貌展示给众人，以丰富我们的视野。

图面技巧和注意事项

1. 在效果图渲染视角的选择时，通常选择人视角表现。
2. 渲染灯光的光色选择要准确，应突出节点中主景及选择最适宜的角度进行照明表现。
3. 必要的文字说明要简洁，字号不宜过大，不应在图面中占主要地位。

鄂尔多斯市伊克昭公园照明规划设计

北京工业大学城市照明规划设计研究所
北京赛高都市环境照明规划设计公司

图面表现要素

细部照明效果图、必要的文字说明等。

图面表现意图

独立景观照明节点是设计空间中的"游兵散勇"，因此照明设计时只要在照明亮度规划所确定整体亮度的约束下，围绕其自身的表现主题，兼顾周边环境，选择适宜的照明表现方式，将景观载体进行适宜且巧妙的照明表现，最终便可形成一个符合规划要求的、自身主题明确的照明效果。

独立节点照明效果表现

设计空间的照明表现是由景观节点、景观轴线等不同的部分所构成的，通常规划设置景观轴线的目的就是为了有序组织景观节点，进而通过合理地照明处理与表现，以利于主题的表现与强化。通常设计空间中的景观节点众多，而其中某些景观节点由于远离其他景观节点或由于景观设计主题严重偏离（可能由历史原因造成的既有景观等）设计空间的设计主题等原因，造成了照明规划设计时无法将其组织于轴线之中，那么这样的一些景观节点必然游离于景观轴线，成为相对独立的节点。

显然这样的景观节点之所以需要在照明规划设计时加以考虑，在照明表现上加以利用，必然有其内在的原因，要么因为其具有景观价值，要么具有调节整体均衡性的作用，总之从设计空间整体考虑需要利用的这些景观节点仍旧需要照明的设计与表现。

该类景观节点的照明设计相对简单，通过对景观节点的载体分布、形态特征与景观设计主题深入分析后，首先在照明亮度规划所确定的整体亮度的约束下，确定功能照明的照度水平与载体景观照明的表现亮度，然后再依据节点的载体分布位置与形态确定适宜的照明表现方式，最终形成一个符合规划要求的、自身主题明确的照明效果。虽然景观节点的载体形态可能"千姿百态"，使用的材料类型也可能"五花八门"，但照明设计时应关注以下几点：

景观的整体性表现：就是从宏观角度上应使设计对象节点与周围空间其他环境与节点相协调（亮度、光色、风格的协调），从而保证最终设计空间夜景观效果的整体性。

景观的层次感表现：就是指设计对象节点自身的景观照明效果应具有一定的层次，只有这样才能保证自身景观照明的丰富性。

景观个体特征表现：在满足景观的整体性和层次感的基础上，还需要把节点载体的个体特征或文化符号表现出来，只有这样才能实现独特的效果。

节能与环保的实现：在满足功能照明与景观照明的前提下，解决和处理好节约能源、避免光污染和光干扰方面的问题，只有这样才能成为一个好的照明设计。

图面技巧和注意事项

1. 在效果图渲染视角的选择时，通常选择人视角表现。
2. 渲染灯光的光色选择要准确，应突出节点中主景及选择最适宜的角度进行照明表现。
3. 必要的文字说明要简洁，字号不宜过大，不应在图面中占主要地位。

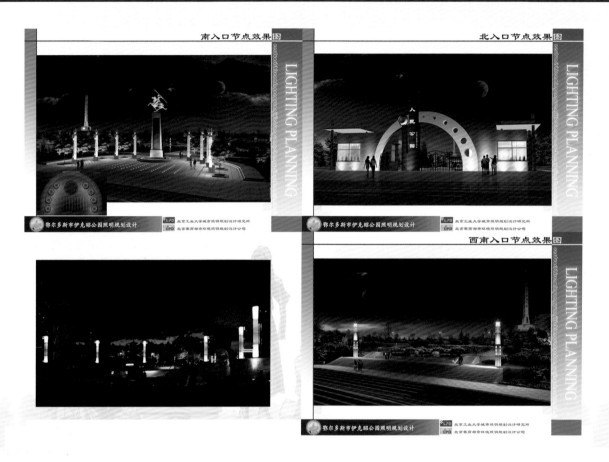

鄂尔多斯市伊克昭公园照明规划设计

 鄂尔多斯市伊克昭公园照明规划设计

北京工业大学城市照明规划设计研究所

北京赛高都市环境照明规划设计公司

图面表现要素

细部照明效果图、必要的文字说明等。

图面表现意图

对于具有特殊地位的公共空间出入口，从夜景观和公共安全的角度考虑都是照明设计的重点、难点之一，因此在照明设计时一定要想办法既要实现景观照明的效果，又要满足功能照明的需求，必须达到相应的照明标准，这既是考虑安全和人流疏散的原因，同时也是把控设计空间内部景观节奏的需要。

主要出入口照明效果表现

不论哪类城市公共空间的出入口都是照明设计的重点之一，通常是仅次于景观中心的设计重点，一方面原因在于其景观具有内外双重性，即不但要对设计空间内部的夜景观起作用，还要考虑对外部城市区域的夜景观贡献，当然其作为城市公共空间的"脸面"，重要性也自不待言。另一方面它相当于城市公共空间的"瓶颈"，一般人流密度最大，对安全性的要求也最高，因此在《城市夜景照明设计规范》中也对它提出了特殊要求，规范中特意从各类城市公共空间的照明标准中将"主要出入口"部分单独分离出来，这意味着不管什么类型的广场绿地（虽说规范中没有给出公园绿地出入口的照明标准值，但应按广场绿地的标准执行），出入口都要达到 20 ~ 30lx，这是因为考虑安全和人流疏散的原因，所以照度要求相对最高。因此除景观照明外应更多地关注功能照明的满足。

对于景观照明设计而言没有太多的特殊性，仍旧按照通常的方法进行设计即可，即通过对景观节点的载体分布、形态特征与景观设计主题深入分析后，确定载体景观照明的表现亮度与适宜的照明表现方式。当然要说其特殊性那就是外部景观设计时必须考虑外部空间的性状特征，需要从外部视点和视线方向来考虑照明的表现部位与重点，必要时还需要从不同视距、视角加以考量，从而使照明设计能够满足多视角观察的夜景观效果要求。

但对于该节点的功能照明却常常是一个容易被设计师忽略的问题，往往造成只有景观照明而没有功能照明或不足的现象。从可能性来看，大致存在功能照明有或无（包括不足的情况）两种情形，前者当然简单了，但从实际情况来看，后者出现的情况更多，因此在此种情况下，照明设计时一定要注意，必须想办法既要实现景观照明的效果，又要满足功能照明的需求。

常用的办法有结合景观灯的设计，使之既有景观照明的作用，又能够提供所需的功能照明。另外一种常见的做法是在景观载体自身暗藏投光灯具，通过投光的方式解决功能照明的办法。总之需要开动脑筋，结合设计对象自身及周边环境状况，经过巧妙的构思，找寻最适宜的解决方案，目的只有一个，那就是必须要满足出入口区域的功能照明要求。

图面技巧和注意事项

1. 在效果图渲染视角的选择时，通常选择人视角或鸟瞰表现。

2. 渲染灯光的光色选择要准确，在突出节点中主景照明表现的同时，需要对功能照明处理手法做出交代。

3. 必要的文字说明要简洁，字号不宜过大，不应在图面中占主要地位。

图面表现要素

道路照明效果图、必要的文字说明等。

图面表现意图

具有足够的功能照明是保证设计空间可见度的前提，也是保证人们在公共空间中活动的安全需要，其空间内的人群活动场所均应符合规范的照度标准。此外它是体现"以人为本"的照明设计的根本，因此如何把控好各空间区域功能照明的同时，又能创造满足空间与地域文化的表现，是做好照明设计的基础。

功能照明效果表现

　　城市公共空间照明规划设计 "两驾马车"之一的功能照明设计属于设计的"规定动作"，除景观节点部分的设计外，节点间的连接线——道路的功能照明也是必须要在设计中交代清楚的。通常道路按三级，即主干道、次干道以及支路来考虑功能照明设计，当然通常道路等级越高需要提供的功能照明水平就越高。具有足够的照度水平是保证可见度的前提，也是保证人们活动安全的需要，常见的城市公共空间有城市广场与公园绿地，其空间内的人群活动场所均应满足《城市夜景照明设计规范》所规定的照度标准值，具体设计时可参考表 3-1 进行取值。

城市公共空间照度标准值（括弧内数值为最小半柱面照度）　　　（水平照度，lx）　　表 3-1

照明场所	绿地	人行道	公共活动区				主要出入口	坡道台阶
城市广场	≤ 3	5 ~ 10 (2)	市政广场	交通广场	商业广场	其他广场	20 ~ 30	水平照度 ≈ 40
			15 ~ 25	10 ~ 20	10 ~ 20	5 ~ 10		
公园绿地	—	≥ 2 (2)	庭园、平台		儿童游戏场地			垂直照度 ≈ 20
			≥ 5 (3)		≥ 10 (4)			

　　从安全的角度来说，为了要看清楚对面来者的表情，脸部的照度最低不能低于 2lx，所以对于这类场所除了水平照度要求外还需满足垂直照度的要求，这些都是安全防范照明的基本要求。此外城市公共空间时常包含有水体，而且水体通常都是与绿地同时出现的，水体周边都会设置供观赏水景的园路，因此水景周边应设置功能照明，以防止观景人意外落水。另外公共空间的入口通常都是景观性和功能性要求较高的重点之一，照明设计时必须将功能照明与景观照明同时友好处理，使之既能符合功能照明的要求，又可实现良好的夜景观效果。其他人群活动区的照明设计也基本相同，设计师必须清楚首先要解决功能照明，随后才是景观照明设计的问题。

图面技巧和注意事项

　1. 在效果图渲染视角选择时，通常选择人视角。

　2. 效果图中必须能清楚地看到提供功能照明的灯具及其照明效果。

　3. 必要的文字说明要简洁，字号不宜过大，不应在图面中占主要地位。

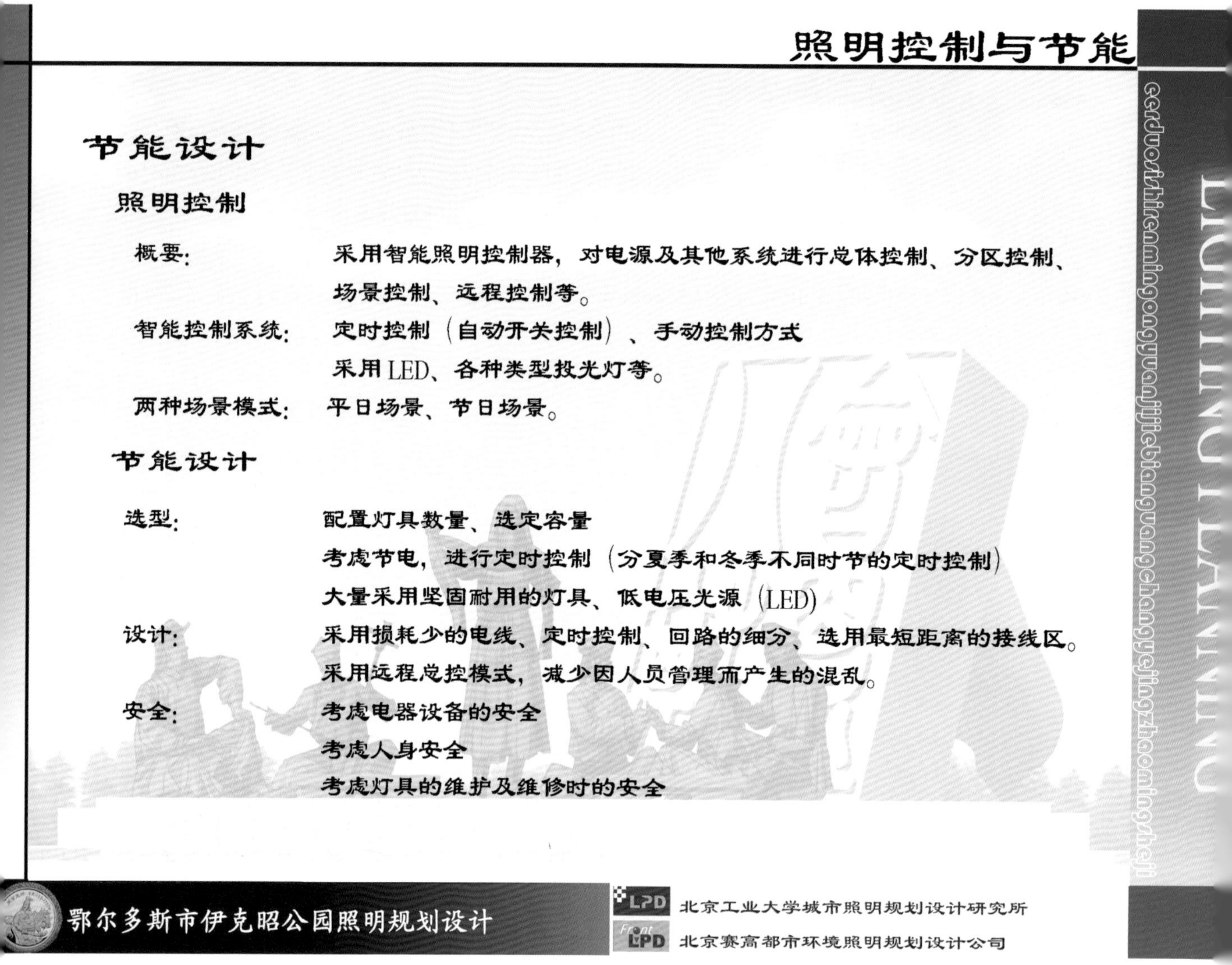

节能设计

照明控制

概要： 采用智能照明控制器，对电源及其他系统进行总体控制、分区控制、场景控制、远程控制等。

智能控制系统： 定时控制（自动开关控制）、手动控制方式采用 LED、各种类型投光灯等。

两种场景模式： 平日场景、节日场景。

节能设计

选型： 配置灯具数量、选定容量
考虑节电，进行定时控制（分夏季和冬季不同时节的定时控制）
大量采用坚固耐用的灯具、低电压光源（LED）

设计： 采用损耗少的电线、定时控制、回路的细分、选用最短距离的接线区。
采用远程总控模式，减少因人员管理而产生的混乱。

安全： 考虑电器设备的安全
考虑人身安全
考虑灯具的维护及维修时的安全

鄂尔多斯市伊克昭公园照明规划设计

北京工业大学城市照明规划设计研究所
北京赛高都市环境照明规划设计公司

图面表现要素

必要的文字说明或图示等。

图面表现意图

节能设计是在照明设计阶段就将节约能源这一因素考虑在内，预先在设计时做出节能规划，靠设计去完成节能指标。节能设计的目的就是在保证照明质量的前提下，认真做好节约能源和资源的工作，以实现既搞好照明建设，又节约能源的双重要求，切实有效地节约城市照明用电。

照明控制与节能环保设计

照明控制与节能环保是照明设计中必然会涉及的内容，节能环保是时代和技术的必然要求，而控制既与照明效果的实现相关又与节能环保密不可分，因此在照明设计中必须对此相关内容予以充分考虑，而且必须就设计中的具体应用或措施给出明确地交代与说明。

从设计层面考虑，照明节能涉及节能设计，光源灯具及其附件选择、照明供配电系统设计及照明控制系统构建。因此节约照明用电，除应用节电光源和高效灯具外，还要抓住设计和控制两个环节，严格控制照明灯具的规模和数量，落实设计中提出的分区、分时和分级照明节能控制措施，合理选择照明标准、照明方式、照明供配电与照明控制系统，从而达到最大限度地节约照明用电之目的。

照明节能应首先从照明设计入手，从光源与灯具的选型开始，到配置光源的数量和容量，从各个方面考虑节电的影响因素，按照照明节能设计标准的要求，优先选用通过认证的高效节能产品，即采用高效光源与灯具以及功率损耗低且性能稳定的灯用附件。设计时可采用定时控制，做好回路的细分，配电箱位置应尽量靠近负荷中心，并靠近电源侧。此外还应定期进行照明维护，定期清洗灯具，以保证有较高的光通量输出。当然安全因素也是节能设计中需要提及的，应当采用远程总控模式，减少因人员管理而产生的混乱，强调电器设备的安全，人身安全以及灯具维护及维修时的安全。

照明控制是对照明使用光的质与量的驾驭和操纵，是对各种光源使用状态进行调整，以实现更为舒适、美观、节能的照明环境的具体手段。在照明节能系统中，智能照明控制系统是常被运用的科技手段之一。因此应采用智能照明控制器，对光源灯具及其他系统进行总体控制、分区控制、定时控制、场景控制以及远程控制等。智能控制系统可采用定时控制（自动开关控制）、手动控制两种方式。一般照明模式分为三种场景：即平日、一般节日与重大节日，这样既丰富了夜景观，又大大降低了电能消耗。

照明环保应着重考虑眩光与光污染的消减问题，在道路照明设计中，应尽量使用截光型或半截光灯具，在灯具上使用漫射玻璃、格栅、遮光板等以控制灯光的出射方向。此外应尽量避免使用向上投光的灯具，如地埋灯、投光灯等。

图面技巧和注意事项

1. 尽可能将节能措施考虑全面，结合业主的经济承受能力，确定适宜的节能方案。
2. 在一般节能措施的前提下，切莫忘记线损的问题，尽量采用损耗少的配线方式。
3. 照明控制方式及系统应根据设计方案的状况及业主的经济承受能力合理选用。

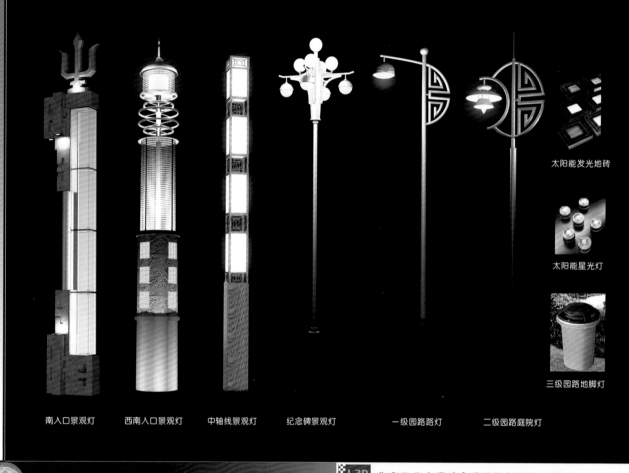

太阳能发光地砖

太阳能星光灯

三级园路地脚灯

南入口景观灯　　西南入口景观灯　　中轴线景观灯　　纪念碑景观灯　　一级园路路灯　　二级园路庭院灯

鄂尔多斯市伊克昭公园照明规划设计

北京工业大学城市照明规划设计研究所
北京赛高都市环境照明规划设计公司

图面表现要素

　　灯具与光源选型的技术参数与大样图及必要的文字说明等。

图面表现意图

　　灯具选型就是要根据照明设计所描述的效果和载体本身格调，选择适宜的灯具及光源。目的是选择合适使用并且易于隐藏的、确保载体照明效果的光源与照明器具，这样不但能发挥照明的功用，而且能营造"见光不见灯"的艺术效果，并确保与载体及周边环境相协调。

光源与灯具选型

只有选择合适的光源和灯具，才能将照明设计的效果表现的尽善尽美。因此，灯具选型是照明设计的重要环节，它需要确定具体的光源和灯具产品，并通过具体的技术参数和大样的形式展现出来，是为了便于观看者一目了然地了解所选择的结果，便于业主做出相应的判断。

1. 光源选择

科学的选用光源是实现照明光色表现的基础，也是实现照明节能的核心。光源的种类很多，而且各种光源的色温与色表不一，显色性差别也很大。一般应根据载体的材料、质感与色泽，结合实际情况进行选择，同时再考虑节能的优劣。光源最好选用节能、寿命长的光源，同时还要考虑光源的显色性。随着科技的进步，LED 产品越来越多，光色变化也丰富多彩，为景观照明提供了多样的选择。

2. 灯具及其附件选择

科学的选用灯具及其附件（功率损耗低、性能稳定）是实现照明形态表现的基础，同样也是实现照明节能的核心。灯具的主要技术特性有配光性能，灯具效率，防眩光特性等。灯具选型除要考虑灯具的配光、遮光角等性能外、还要考虑灯具的出光效率等性能，这些都关系到能否达到设计效果及节能。

当然，灯具外形选择也至关重要，对于景观性灯具，灯具造型涉及传达设计理念等信息的作用，现实情况下，可能还需要设计师亲自设计景观灯具，以此来配合设计创意的表现，如具有地域风格的灯具造型设计。而对于功能性灯具而言，还会涉及是否便于隐蔽的问题，显然灯具的大小应与现场安装位置相匹配，做到尽量不破坏白天的景观效果，以避免灯具成为景观的负担。

此外，灯具的材质特性、热工特性、电气特性、抗气候变化性能，以及防尘防水等级等也是必须考虑的因素。当然灯具的安全性也不能忽略，灯具的安全包括灯具本身的安全、安装后对行人和物体的安全以及灯具对行人的眩光影响。从环保的角度还应包括消减对夜空与生态的危害。

灯具与光源的选择还必须要考虑到业主的经济承受能力，要根据业主的经济情况选择相应等级的光源与灯具。另外还需考虑维修和防盗的问题。

图面技巧和注意事项

1. 灯具选型结果应以灯具技术参数附灯具大样的形式给出。
2. 为了人们直观了解选型的灯具样式，如果必要也可以添附灯具安装位置和出光形态的示意图。
3. 当涉及的灯具数量较多时，也可以通过一览的方式，同时展示各类灯具的技术参数与灯具大样。

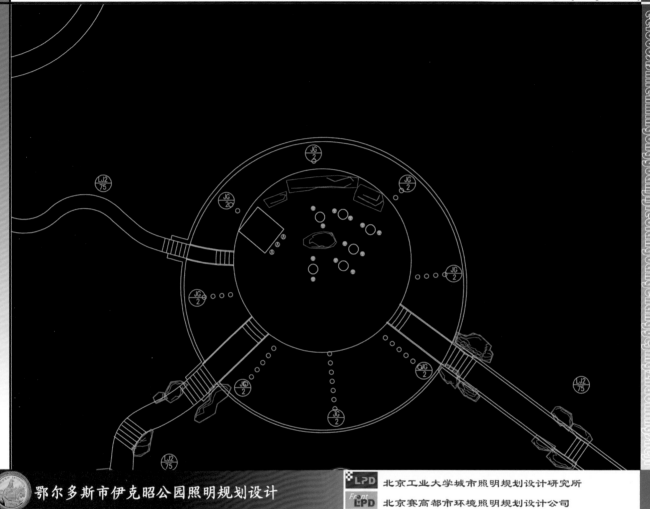

鄂尔多斯市伊克昭公园照明规划设计

北京工业大学城市照明规划设计研究所
北京赛高都市环境照明规划设计公司

图面表现要素

设计场所的平面图、标示符号、灯具编号、图例或灯具大样及必要的文字说明等。

图面表现意图

灯具布置是就设计空间内设计所采用灯具的具体安装位置的说明，它是照明设计的重要环节，需要确定具体的灯具布置方式与安装方式，并通过在相应的图纸上表现出来，以便于观看者了解具体的布置位置，以及便于业主做出灯具安装位置是否与其他使用功能存在冲突，或者美学上是否满意的判断。

灯具布置设计

灯具布置是设计空间内所采用灯具的具体安装位置的说明，只有正确地布置灯具，才能将照明设计的效果表现的尽善尽美。因此，灯具布置同样是照明设计的重要环节，它需要确定具体的灯具布置方式(安装位置与间距等)与安装方式，并通过相应的图纸图示，以便于观看者了解具体的布置位置，以及便于业主做出灯具安装位置是否与其他使用功能存在冲突与美学上是否满意的判断。通常其涉及三大部分：设计空间内道路照明的灯具安装布置，设计空间内节点区域的照明灯具安装布置，以及具体载体景观照明的灯具安装布置。

灯具布置方式通常包括单侧布灯与双侧布灯（又包括对称布置与非对称布置），当在公共空间的中央部位布灯时一般采用双侧对称布置，当然边界自然采用单侧布置；对于公园绿地等公共空间由于道路的幅宽较窄，其功能照明灯具通常采用单侧布灯，而景观性灯具（或兼具其景观性的灯具）多采用双侧对称布置，以强化景观效果。而对于景观节点区域，其区域形态千变万化，应根据景观照明设计的表现需求确定布置方式，通常情况下灯具布置于人群活动区域的周边，但对于面积较大或有特殊照明设计考虑的情况下，也可在人群活动区域内部布置灯具，但布置时应考虑到兼顾功能照明的需求。

对于具体景观载体照明的灯具布置，一般应根据载体的形态特征、表现部位，结合实际情况进行确定，尽量与现场安装位置相匹配，此外灯具布置还要考虑灯具的维护难易，安全保护以及隐蔽的问题。

灯具安装方式属于具体如何安装灯具的技术说明。对于通常条件下的通用灯具的安装一般都有相应的安装规范或方法，此种情况下不需要特别说明灯具安装的方法，但对于特殊设计的灯具，如大型景观灯具，以及需要在特殊地形条件或位置上安装的灯具，则有必要说明灯具的具体安装方式，通常采用图纸进行说明，该图纸又称为灯具的安装大样图。此外灯具安装还要考虑灯具的安装强度、防水渗透、散热以及防盗的问题。

由于考试时间的原因，高级照明设计师实操考试的快速设计对灯具安装方式不作要求，它仅相当于考试的"自选动作"，但在阅卷时作为参考，考生只要画出灯具布置图或称灯具布点图即可。

图面技巧和注意事项

1. 应在灯具的布置位置旁标注灯具编号，以便与随后的灯具图例表中的信息建立联系。
2. 为了直观形象，便于人们了解，必要时可以在图中配合灯具编号直接插入灯具大样图片。
3. 必要的文字说明要简洁，字号不宜过大，不应在图面中占主要地位。

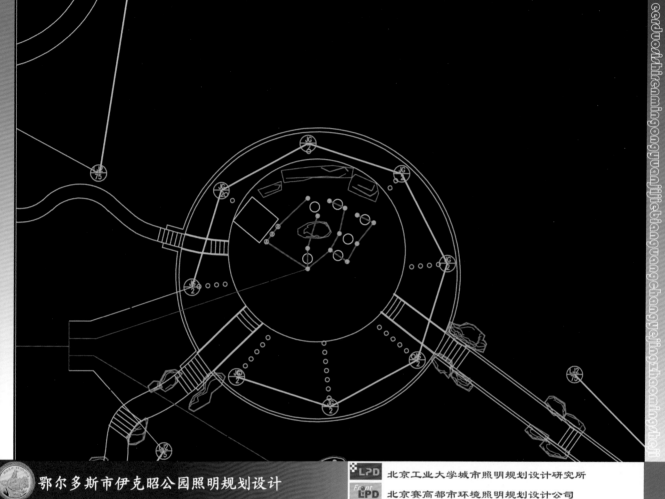

鄂尔多斯市伊克昭公园照明规划设计

北京工业大学城市照明规划设计研究所
北京赛高都市环境照明规划设计公司

图面表现要素

　　设计场所的平面图、标示符号、灯具编号、连接线、图例及必要的文字说明等。

图面表现意图

　　线路布置是设计空间内所采用灯具的具体电路连接方式的说明，并通过相应的图纸进行图示，以便于观看者与业主了解具体的线路布置方式。由于照明效果包括各种灯光变化，都是由照明设计师设定的，因此要实现什么样的灯光场景需要哪部分灯亮，都是线路布置设计所要完成的工作。

线路布置设计

线路布置是设计空间内所采用灯具的具体电路连接方式的说明，只有正确地连接灯具，才能实现照明设计的效果以及电气的安全与节能。因此，线路布置需要确定具体的灯具连接方式，并通过相应的图纸图示，以便于观看者与业主了解具体的线路"走线"方式。

由于夜景观效果是通过对灯具光源采取分路控制的方式，分别控制灯具在不同时间段的亮暗闭启来实现的，特别是随着 LED 光源的大量使用，为设计师提供了各种照明效果变化的可能，只要通过控制系统就可以产生 LED 光源的不同光色组合及明亮变化，创造出各种不同的表现效果。

因此线路布置与夜景观效果和节能密切相联，事关照明供配电系统设计及照明控制系统构建。只有合理的线路布置设计，才有可能通过智能照明控制器，实现对光源灯具及其他系统进行总体控制、分区控制、定时控制、场景控制以及远程控制等，并保证照明电气等各方面的安全。

由于照明效果包括各种灯光变化，都是由照明设计师设定的，因此要实现什么样的灯光场景需要哪部分灯亮，只有设计师最清楚，这项工作非设计师莫属，虽说实际工作中最终的图纸由电气工程师完成，但照明设计师必须了解最基本的一些电气设计的知识，并具有最终审图时能够判断所绘图纸能否实现自己所设计照明效果的能力。

作为最基本的电气知识，包括一条回路上最多能够连接多少盏灯，回路设置时应考虑三相负荷平衡，室外照明时宜采用地下电缆，水下照明应选用防水电缆，配电回路应设保护装置，以及电缆在非硬化地面部分可以采用铠装电缆直埋方式，而在硬化地面部分及道路下敷设时应穿保护管，且电缆埋深应在冻土层之下，设计中还应考虑电缆与树木的间距等等知识点都是应该知晓的，至于像"三根及以上导线穿管敷设时总截面积（包括保护层）不应超过管内截面的 40%，两根绝缘导线穿于同一根管时，管内径不应小于两根导线外径之和的 1.35 倍"等更为详细的知识就留给电气工程师们吧。

总之，虽说电气知识非常繁杂，但作为考试内容，考生只需画出灯具连线图（布线图）即可，也就是在灯具布置图的基础上，完成把哪些灯、哪些回路连接起来能够实现你所设计照明效果的工作。

图面技巧和注意事项

1. 在灯具布置图基础上通过灯具间的连线继续深化，最终完成布线图。
2. 所画连线尽可能不交叉，如果发生交叉请按照规范的画法交代清楚，以免产生误读。
3. 必要的文字说明要简洁，字号不宜过大，不应在图面中占主要地位。

灯具一览表

编号	名称	型号	光源	功率	数量	位置及功能	参考灯样
1	南入口景观灯	8米	金卤灯＋节能灯＋LED	250W+2X28W+4X1W	6盏		
1	灯体上部和下部钢板焊接内部刚体结构，小轮廓采用水切割处理，焊接牢固表面整洁。表面古铜效果处理，保证各个部件有很好的协调性。玻璃采用不小于8毫米的钢化玻璃，粉碎颗粒不大于5毫米，内置反射器采用铝制抗炫光反光板。灯体中心结构，内部刚体结构外部不锈钢管装饰，钢管和不锈钢管达到国标要求。灯具便于检修和安装，灯体留有接线口。						
2	中轴线景观灯	3.6米	节能灯	4X36 W	32盏		
2	钢体焊接，方钢达到国标要求，表面静电喷塑木纹效果，灯体结构便于穿线，便于灯具检修，结构合理紧凑。做好密封工作，灯体留有接线口。						
3	纪念碑景观灯	6米	节能灯	9X28 W	10盏		
3	灯具主体为钢体焊接，（低部可采用铸件）钢管达到国标要求，表面静电喷塑，灯体颜色暂订为乳白色，（提供色卡）灯头部分留有活接便于安装换线和检修，灯头部分做好防水工作。灯体下部灯体留有接线口。						
4	西南入口景观灯	9米	钠灯＋金卤灯＋节能灯	250W+250W+2X150W+3X35W	2盏		
4	灯体下半部分内制刚体结构防腐处理，下部不透光部分为仿石材，颜色靠近图片颜色，有一定的强度内制龙骨。上一部分为古铜色浮雕效果透光窗口采用水切割处理，（铜板~钢板或其他材质）其中留一个窗口为检修孔，内设龙骨既保证灯体的强度又不挡光线。灯体中部以及上部采用不锈钢材质的材料。灯体中部不锈钢板是冲压方孔板，保证不锈钢板的厚度和强度及不变形。中部的4个连接杆做成活接一是增加中部的强度二是便于拆卸运输和检修之用。中部上方为顶盖，顶盖中心部分为方孔板。顶盖再上一部分为4个不锈钢管圆环，焊接牢固焊口平整光滑。灯体顶部为象征性的转法轮，同样采用不锈钢方孔板，内部反光器为白色，上部结构为活接便于维修灯具。						

图面表现要素

表格、图片、技术参数及必要的文字说明等。

图面表现意图

灯具是保证载体照明效果，发挥照明功用，营造艺术效果，确保环境协调的实现基础，由于设计空间节点与区域及载体类型众多，选用的灯具种类也繁多，为了全面了解各类灯具选型的信息，有必要将其进行汇总，采用一览表的形式予以交代，其目的是便于业主全面了解和做出相应的判断。

灯具图例表

由于设计空间节点与区域及载体类型众多，选用的灯具种类也繁多，使用数量不一，技术参数也各不相同，为了全面了解各类灯具的完整信息，有必要将其进行汇总，采用一览表的形式予以交代，其目的是为了便于观看者"一目了然"地全面了解所选灯具的结果，便于业主做出相应的判断。

灯具图例表，有时又称为灯具一览表或灯具清单，通常包括灯具名称、类型、功率、数量、型号、生产厂家、技术要求、大样等科目内容。表格中灯具的排列顺序应有所考虑，不应随意无序排布，最好是按灯具种类或使用区域、主次分类排列，目的就是为了便于人们理解，因此排列方式须认真斟酌。

此外表格中一定要有编号，其目的一是为了与灯具布点图建立联系，便于观看灯具布点图时了解某一位置具体使用哪一款灯具，方便一一查找；二是汇报时便于与业主介绍讨论，迅速明白业主所提问的是哪一款灯具。

对于通用灯具的列举相对简单，只要把灯具样本中的所用信息提取出来列于表格中即可，但对于单独设计的异型灯具，通常都是采用定制加工的方式制作的，因此所有的灯具技术参数与要求都由设计师制订，因此必须针对该类灯具提出明确的生产加工技术要求，其中首先包括光学方面相关的参数与要求，如使用光源的类型、功率、配光曲线、透射比或反射比等；其次是灯具外形相关的参数与要求，特别是对于景观性灯具，它涉及设计师设计理念等信息的传达，以及与白天景观的效果与呼应问题；再次是材料相关的参数与要求，如材质特性、热工特性、抗气候变化性能等；最后还包括其他涉及灯具美观、电气特性、安全性、防尘防水等级，甚至包括加工工艺、维修和防盗等方面的技术要求。

总之，灯具图例表的制作貌似是一个简单、没有技术含量的工作，实质上要做出一个技术参数全面、内容无疏漏、形式井然有序的一览表并不是一件容易的事情，特别是当遇到具有异型灯具设计的情况下，设计师所提技术参数与要求全面合理与否会直接影响将来景观灯的表现效果，如最常见的情形，我们时常可以看到某些场所使用的景观灯，白天看起来非常粗糙，直接影响了白天的景观效果，如果不考虑经济、加工能力的因素情况下，很有可能问题就出在对灯具所提出的相关技术要求不到位所致。

图面技巧和注意事项

1. 为了人们直观了解选型的灯具样式，可以在灯具一览表中插入各种类型灯具大样的图片。

2. 当灯具体量较大或为竖向形态时，灯具光源的选型也可以在大样图示的基础上再配合表格的形式予以表现，但须通过编号的方式建立两者的联系。

3. 表格中应包含灯具名称、类型、功率、数量、型号、生产厂家、大样等科目内容，不应遗漏重要信息。

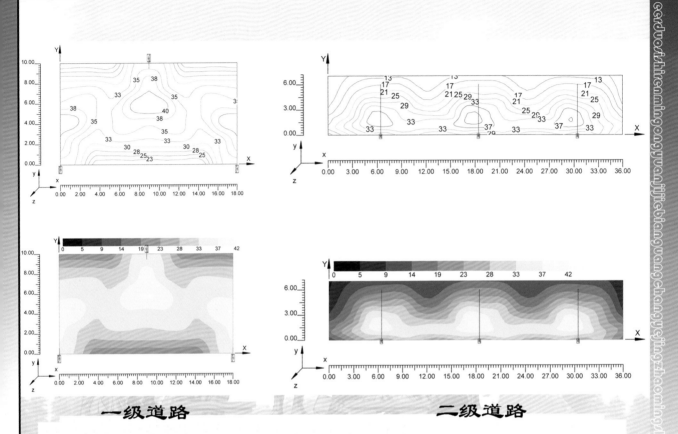

一级道路　　　　　　　　二级道路

鄂尔多斯市伊克昭公园照明规划设计

LPD　北京工业大学城市照明规划设计研究所
Front LPD　北京赛高都市环境照明规划设计公司

图面表现要素

照明计算结果相关的图、表以及必要的文字说明等。

图面表现意图

在照明设计中，照明计算是一项很重要的技术设计工作，因此应针对设计中的一些关键点或设计难点，进行相应的照明计算复核工作，其目的就是检验照明设计是否符合相关规范标准的技术要求，同时也是对光源与灯具选型结果的一种检验，从而为照明方案的调整提供技术依据。

照明计算

在照明设计中，照明计算是一项很重要的内容，是照明方案合理性判断的主要技术依据，目前，随着光源灯具的不断更新和发展，项目复杂程度也越来越高，使得查表、手工计算越来越困难，而计算机技术的发展给我们的照明计算提供了便捷的手段。

由于考试时间限制的原因，高级照明设计师实操考试的快速设计对照明计算不作要求，它仅相当于考试的"自选动作"，但在阅卷时作为考量考生照明技术设计能力方面的参考，因此如果考生具有熟练的照明计算能力的话，由于考试时间有限，可以挑选设计中具有代表性的一两处计算即可。

照明软件可以分为两类：专业照明设计软件与照明工程设计软件。现在国际上照明设计软件已经发展到非常高的技术水平，已广泛应用于专业照明设计。专业照明软件开发商分为两类，一类是以DIALux、AGI等为代表的通用软件，具有外挂灯具数据库插件，能够适用于国际著名照明灯具厂家的产品；另一类是以 Philips、松下等公司为代表的专业照明灯具厂家，他们提供的软件专门用于本企业产品的工程设计，这类软件不适用于其他企业的产品。

DIALux 软件对最终用户是免费供应的，用户可以在网站上自由下载软件的完整版本，软件的开发、升级费用全部来自灯具厂家的支持。对已会使用 CAD 的人而言，使用 DIALux 是很容易的，可以用DXF 格式将设计的结构载入 DIALux 后，可直接进行照明计算，或直接使用 DIALux 进行设计。DIALux有许多功能向导来设计室内外和街道的空间，并引导初学者一步步地完成设计。由于内置许多预设的功能使得计算更容易便捷，如投光灯的排列、灯光效果、灯具的选择皆仅需按一下鼠标即可完成。

DIALux 不仅仅可以提供枯燥的数据结果，还能够提供照明模拟图片。当然，这样的效果图只能作为一种效果示意，不如 3D MAX 等专用效果图软件制作的效果图漂亮，但 DIALux 的效果图十分接近实施效果。由于使用了精确的光度数据库和先进、专业的算法，DIALux 所产生的计算结果将会十分接近今后真正使用该灯具所形成的效果。这样，设计师可以在电脑中对自己的设计进行事前的"预演"，以此来评估设计的准确度，以及所选用的光源与灯具是否能够实现自己心目中所希望达到的照明效果。

图面技巧和注意事项

1. 照明计算时，应在软件灯具库中正确选择灯具，以免计算错误，误导设计师自己和他人。

2. 计算软件输出结果的选取，应根据计算内容和部位选择适宜的输出结果表现类型，以便达到通俗易懂。

3. 为便于观者一目了然，在可能的情况下最好采用图形的方式来表示，而非采用表格的表现方式。

伊克昭公园概算

灯具类型	光源类型	额定功率(W)	数量 盏/延米	单价(元)	总价(元)	推荐厂家	灯具型号	备注
南入口景观灯	金卤灯+节能灯+LED	250+2X28+4X1	8	****	****			
中轴线景观灯	节能灯	4X36	30	****	****			
纪念碑景观灯		9X28	10	****	****			
西南入口景观灯	钠灯+金卤灯+节能灯	250+250+2X150+3X35	2	****	****			
一级园路灯	节能灯	75	50	****	****			
二级园路灯	节能灯	75	28	****	****			
三级园路灯	节能灯	36	54	****	****	胜亚	MDD/G-410B	
投光灯	白色金卤灯	1000	1	****	****	GE	ULTS	窄光束
投光灯	节能灯	35	22	****	****	GE	LWS03M8HB	
投光灯	白色金卤灯	70	28	****	****	GE	LWS07M8HB	
投光灯	白色金卤灯	250	2	****	****	GE	MWS	中光束
LED投光灯	LED	1	35	****	****	品能	F1005	
泛光灯	钠灯	150	38	****	****	GE	TPLF15S8	宽光束
泛光灯	白色金卤灯	150	20	****	****	GE	TPLF15M8	宽光束
泛光灯	绿色彩灯	150	4	****	****	GE	TPLF15M8	宽光束
窄光束泛光灯	白色金卤灯	150	2	****	****	GE	TPLF15M8	窄光束
泛光灯	白色金卤灯	70	24	****	****	GE	TPLF07M8	
地埋灯	节能灯	70	48	****	****	胜亚	MDD-427.003	
地埋灯	白色金卤灯	150	53	****	****	胜亚	MDD-427.007	窄光束
投光灯	白色金卤灯	400	2	****	****	GE	PSFA01M6	中光束
吊灯	节能灯	35	10	****	****			
吊灯	节能灯	75	4	****	****			
广场太阳能灯			95	****	****			
太阳能星光灯			25	****	****			
侧壁灯	节能灯	14	42	****	****	胜亚	MDD/G-410A	
节能灯	节能灯	14	30	****	****			
T5	荧光灯	28	55	****	****	胜亚	LFSG-904.003	
T5	荧光灯	14	20	****	****	胜亚	LFSG-904.001	
水下射灯	金卤灯	100	23	****	****	胜亚	SHD-218.004	
扁四线LED			499	****	****			
线型冷阴极灯	冷阴极灯		30	****	****			颜色参考相应效果图
美奂灯	美耐灯		15	****	****			颜色参考相应效果图
LED投光灯	LED	0.5	1000	****	****	品能	F1005	
蓝色LED侧壁灯	LED	3	90	****	****	胜亚	BD611	
灯具价格合计：					******			
人工价格合计：					******			
施工总价合计：					******			

说明：施工价格包括灯具价格，辅料价格，安装施工费，税费，利润以及不可预见。

鄂尔多斯市伊克昭公园照明规划设计

北京工业大学城市照明规划设计研究所
北京赛高都市环境照明规划设计公司

图面表现要素

工程概算表、编号及必要的文字说明等。

图面表现意图

工程概算是根据设计要求对工程造价进行的概略计算。它是在照明设计阶段，利用相关的计算方法，按照设计要求，概略地计算照明工程项目的造价，其目的是为业主提供一个建设费用的参考，以便于业主根据设计概算判断设计的效果与经济的性价比，以及是否能够承受，从而做出最终的决策。

工程概算

照明工程概算是根据设计要求对工程造价进行的概略计算。它是设计文件的重要组成部分。照明工程概算是在照明设计阶段，利用政府颁发的概算定额或综合预算定额等，按照设计要求，概略地计算照明工程项目造价。设计师在进行照明设计时，必须同时编制出设计概算，以使业主能够据此预判经济上是否能够承受。

工程概算是根据设计图纸、概算定额（或概算指标）、各项费用定额或取费标准（指标）、建设地区自然、技术经济条件和设备、材料预算价格等资料，编制和确定的建设项目从筹建至竣工交付使用所需全部费用的文件。概算通常采用设备及安装工程概算的编制方法，它包括设备购置费用概算和设备安装工程费用概算两大部分。其中照明设备购置费由照明设备原价和运杂费组成。

1. 设备购置费概算

对于照明工程的设备，如光源、灯具、安装支架等，其价格可向制造厂家询价或向设备、材料信息部门查询价格后，根据设备型号、规格、性能、材质、数量及附带的配件逐项计算。而对照明工程的辅料，如线缆、线管、紧固件等，可按设备原价的百分比计算，百分比指标按主管部门或地区有关规定执行或根据同类型类似工程确定。设备运杂费按有关规定的运杂费率计算。

2. 设备安装工程概算

当照明设计完善，有详细的设备清单时，可采用预算单价法编制概算，直接按安装工程预算定额单价编制设备安装工程概算，概算程序基本等同于安装工程施工图预算。

大多数情况下可采用设备价值百分比法编制概算，该方法又叫作安装设备百分比法。安装费可按占设备费的百分比计算。其百分比（即安装费率）由主管部门制定或根据同类型类似工程确定。

由于考试时间限制的原因，高级照明设计师实操考试的快速设计对工程概算不作要求，它仅相当于考试的"自选动作"，但在阅卷时作为考量考生照明技术设计能力方面的参考，因此考生可以依据日常工作中常用的方法进行工程概算，当然由于考试时间有限，也可以采用设备价值百分比法编制概算。

图面技巧和注意事项

1. 在概算编制过程中，如计算参考的有关规定的条目中，未包含税金、利润等内容时，在最终的概算中应予以补充。

2. 编制概算时应避免漏项，以保证概算的准确性。

3. 由于表格较大，应注意表格的细节设计，如某些栏或行可以添加底色，以便相互区分和强调。

附录　高级照明设计师实操考试实例

高级照明设计师专业能力考核（实操考试）的重点是实际照明设计能力，本次考核的题目是鄂尔多斯市三台基水库滨水景观带景观照明规划设计。附录中给出了本次考生的试卷实例，列于此供大家参考。

国家职业标准—照明设计师　　　　　姓名 ＿＿＿＿＿＿＿＿

高级照明设计师考试题

（实际操作部分）

题目：根据给出的鄂尔多斯市三台基水库滨水景观带改造提升设计的相关资料，完成其区域的景观照明规划及北入口广场的景观照明设计方案（不论使用计算机还是手绘等，表现方式不限）。

应完成的设计内容必须包括如下内容（可不标注尺寸），但并不限于此：

简要设计说明；

所需各类照明设计分析图；

北入口广场的照明设计方案；

光源灯具选型（包括关键灯具安装的节点大样示意图）；

北入口广场照明灯具布置图；

北入口广场照明线路布置图（灯具控制连线及标注导线根数。可自行假设配电室的位置）；

图例表（灯具、光源类型及规格，安装方式，线路名称，敷设方式等）。

鄂尔多斯三台基水库滨水景观带改造设计

总体鸟瞰图

鄂尔多斯市三台基水库滨水景观带

景观照明设计方案

徐庆辉
2012.12.17

项目名称：鄂尔多斯市三台基水库滨水景观带
　　　　　景观照明设计方案

设计单位：广州市科柏照明工程设计有限公司

设计负责：徐庆辉
　　　　　科柏照明设计总监

设计日期：2012年12月17日

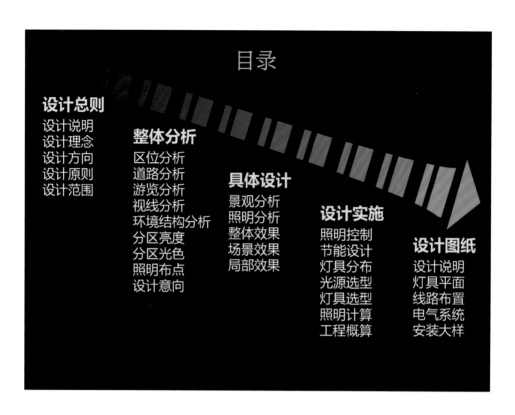

- 项目名称：
  鄂尔多斯市
  三台基水库滨水景观带

- 项目位置：
  位于鄂尔多斯市东胜区，北止
  于乌审街，西面以吉劳庆南路
  为界，南到三台基水库大坝，
  东与新修城市道路接壤

- 项目类型：滨水景观

- 设计范围：
  改造总面积为84.30公顷。
  三台基水库总水域面积为
  111.14公顷

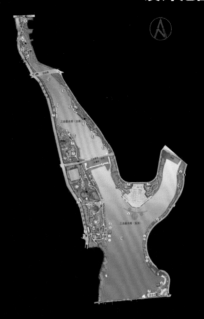

设计说明

- 文化背景：项目位于鄂尔多斯市，蒙族文化是显著特征。

- 工程概况：改造总面积为84.30公顷。水库总水域面积为
  111.14公顷。由北至南划分为休闲运动区(吉劳庆游园)、
  游憩健身区(康体健身带)、文化休闲区。

- 局部分析：东岸北入口、南入口广场有门形建筑，具有
  显著的区域指引性。

- 设计构思：紧扣休闲、文化的主题，为景观带夜间创造
  适宜的人文观景氛围。

- 设计概述：景观带以滨水、亲水为中心。滨水连续堤岸
  和入口处建筑是建筑的视觉重点。

设计理念

- 设计理念：
  亲和之光、连续之光、活力之光

- 设计主线：
  以滨水、亲水为中心。辅以周边景观照明。

- 人文精神：
  装饰照明采用蒙族的金黄色为主，体现蒙族文化。

设计原则

- **人本原则**
  从行人活动的角度，统筹规划各个灯光造景元素，构筑和谐的灯光环境。

- **整体原则**
  结合地理环境和建筑文化内涵，点、线、面结合，高低有致。

- **隐蔽原则**
  隐藏安装灯具，使服务于夜景的灯具不成为影响白天视觉效果的符号。

- **可靠原则**
  照明器材、安装电器产品均安全可靠、便于维修管理。

- **绿色原则**
  把握度量尺度，合理分配亮度，正确运用色彩，减少眩光和光污染。

- **科学原则**
  利用模拟软件，根据需要调整照明设计方案，令实际效果符合设计意图。

设计方向

设计基本方向

◆ **尊重景观**
表现景观的完形，体现景观与建筑的空间关系，表现虚实对比、连续感；

◆ **形态丰富**
避免使用陈旧的表现手法，产生多种照明氛围，对应多种功能要求；

◆ **切实可行**
避免过大的施工难度，避免维护上的难题，避免对游客的干扰；

设计参照依据

照明设计相关规范：

GB50034-2004　建筑照明设计规范

JGJ/T163-2008　城市夜景照明设计规范

CJJ 45-2006　　城市道路照明设计标准

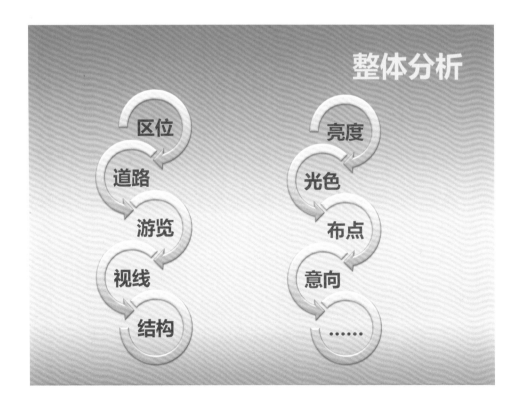

整体分析

区位 → 道路 → 游览 → 视线 → 结构

亮度 → 光色 → 布点 → 意向 → ……

- 三台基水库位于鄂尔多斯东胜城区南部，毗邻市区。
- 是城区居民在夜间及周末的重要休闲场所。

- 三台基水库滨水景观带以水体纵向为水景观轴。
- 分为休闲运动区、休憩健身区、文化休闲区。
- 其中东岸南、北广场为城区游客的主要入口。

■ ■ ■ 水景观轴

东岸主入口

● 休闲运动区

○ 休憩健身区

● 文化休闲区

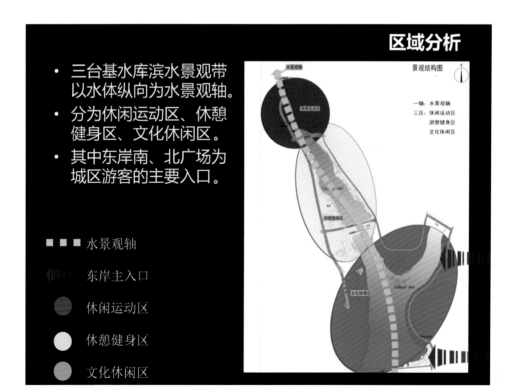

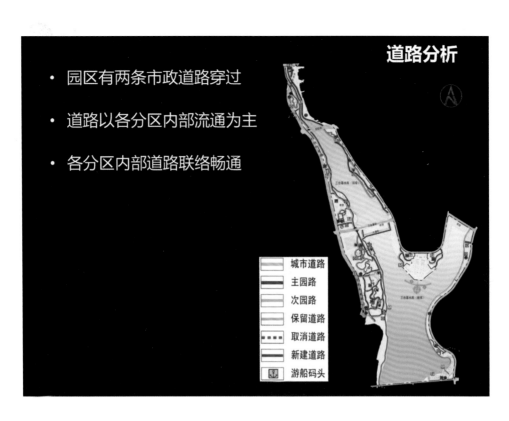

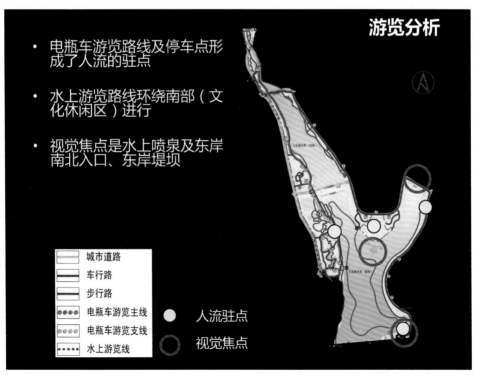

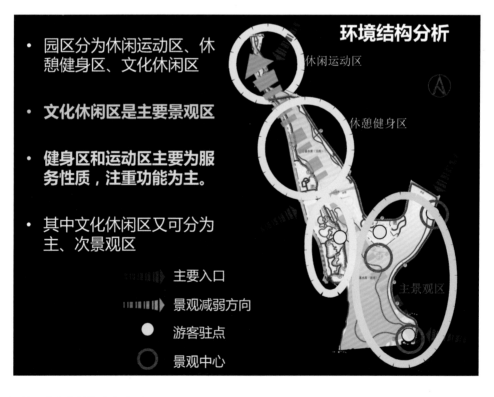

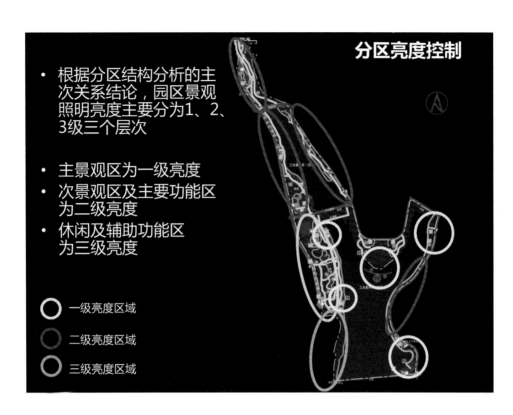

- 根据分区结构分析的主次关系结论，园区景观照明亮度主要分为1、2、3级三个层次

- 主景观区为一级亮度
- 次景观区及主要功能区为二级亮度
- 休闲及辅助功能区为三级亮度

分区亮度控制

○ 一级亮度区域

○ 二级亮度区域

○ 三级亮度区域

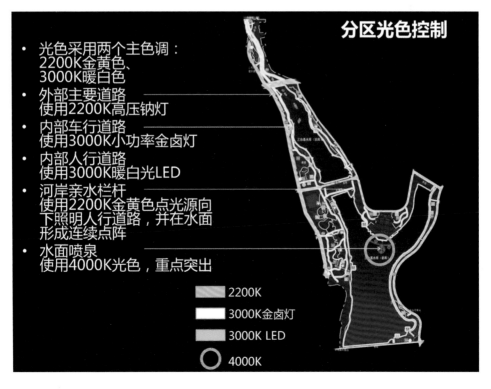

- 光色采用两个主色调：2200K金黄色、3000K暖白色
- 外部主要道路使用2200K高压钠灯
- 内部车行道路使用3000K小功率金卤灯
- 内部人行道路使用3000K暖白光LED
- 河岸亲水栏杆使用2200K金黄色点光源向下照明人行道路，并在水面形成连续点阵
- 水面喷泉使用4000K光色，重点突出

分区光色控制

2200K

3000K金卤灯

3000K LED

○ 4000K

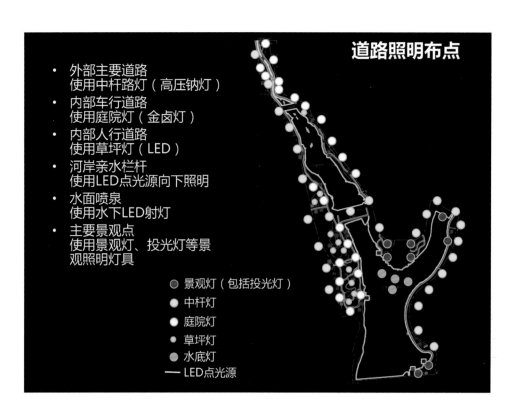

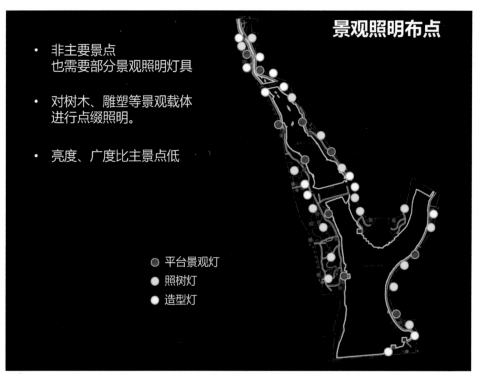

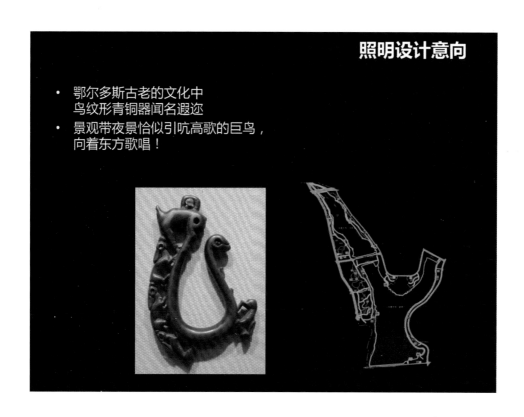

景观分析

- 东岸北入口为景观带的重要入口
- 以此处为典型，分析照明的具体做法

木质门口　　　　　双层主平台　　　　　周边植物

亲水栏杆

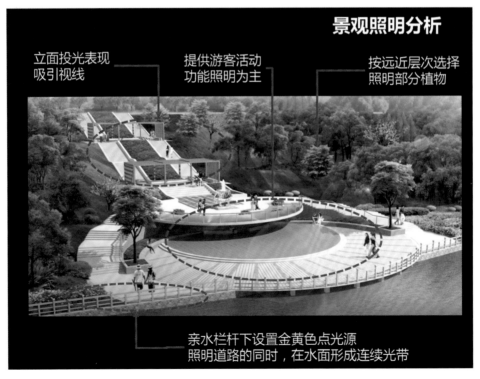

景观照明分析

立面投光表现　　　提供游客活动　　　　按远近层次选择
吸引视线　　　　　功能照明为主　　　　照明部分植物

亲水栏杆下设置金黄色点光源
照明道路的同时，在水面形成连续光带

局部效果表现

· 东岸北入口夜景效果图

照明效果表现

· 景观带 整体鸟瞰效果图

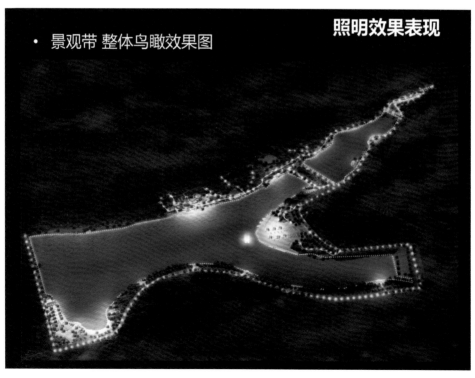

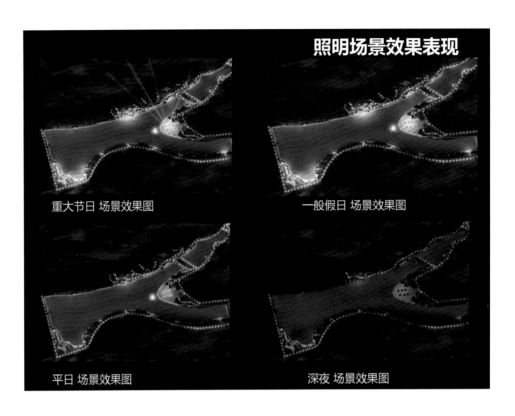

重大节日 场景效果图　　　　　　一般假日 场景效果图

平日 场景效果图　　　　　　深夜 场景效果图

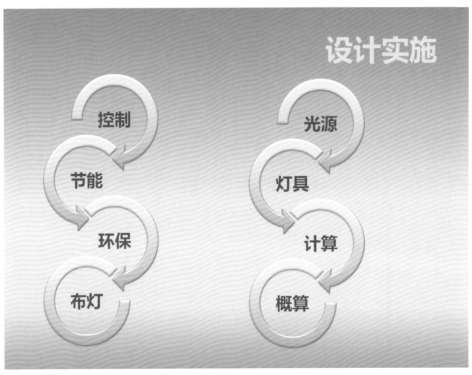

照明控制

- 照明控制以分回路自动定时照明控制器为主，手动控制为辅。对各分区不同功能的灯具电源进行开关控制，可总体控制、分区控制、定时场景控制。
- 场景模式
  节日场景：全部景观灯具开启，广场增加装饰灯，门口增加灯光雕塑；
  假日场景：全部景观灯具开启；
  平日场景：二级亮度区的照树灯关闭，广场主照明关闭1/3；
  深夜场景：道路间隔开灯；园路内部草坪灯关闭；广场保留1/3主照明

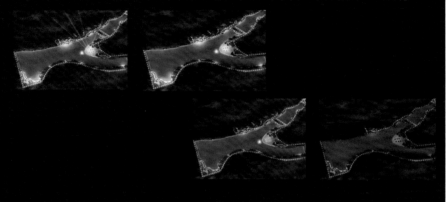

节能环保

- **标准**：按照规范要求，合理选择照度指标。把握光亮与光污染的度量尺度，对光散射及眩光进行有效控制，合理分配亮度，正确运用色彩，减少眩光和光污染。

  北入口广场人行道（亲水栏杆）照度限制值为 5~10 lx
  主要出入口（阶梯）处照度值为 20~30 Lx

- **选型**：根据照度指标要求合理配置灯具数量、选定灯具功率。采用先进的高光效、低能耗、长寿命、配光合理的灯具和光源，避免片面追求节省初始投资而造成能源浪费和运行费用增加。

- **控制**：通过对不同时段的照明系统控制达到环保节能的目的。

- **电气**：采用损耗少的电线电缆、定时控制、回路的细分、选用最短距离的接线。采用远程总控模式，减少因人员管理而产生的混乱。

- **安全**：考虑电器设备的安全、人身安全、灯具维护及维修时的安全

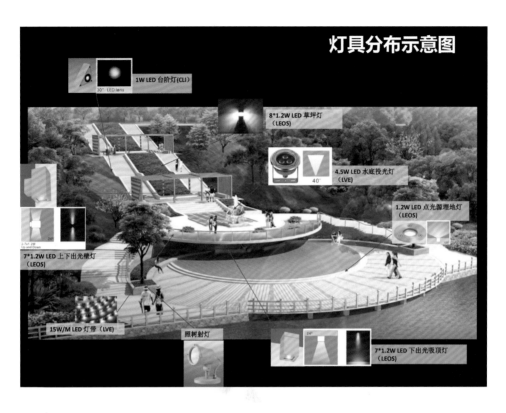

灯具分布示意图

1W LED 台阶灯(CLI)

8*1.2W LED 草坪灯
（LEOS）

4.5W LED 水底投光灯
（LVE）

1.2W LED 点光源埋地灯
（LEOS）

7*1.2W LED 上下出光壁灯
（LEOS）

15W/M LED 灯带（LVE）

照树射灯

7*1.2W LED 下出光吸顶灯
（LEOS）

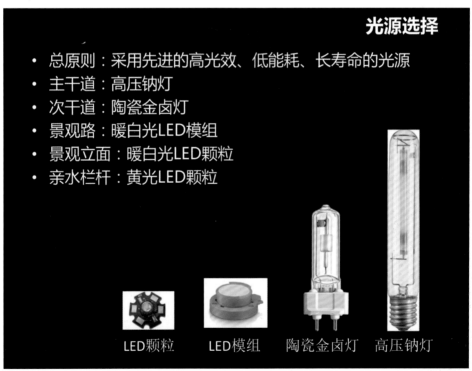

光源选择

- 总原则：采用先进的高光效、低能耗、长寿命的光源
- 主干道：高压钠灯
- 次干道：陶瓷金卤灯
- 景观路：暖白光LED模组
- 景观立面：暖白光LED颗粒
- 亲水栏杆：黄光LED颗粒

LED颗粒　　　LED模组　　　陶瓷金卤灯　　高压钠灯

灯具选型

• 灯具选型一览表

序号	灯具图片	项目名称	规格型号	安装位置	数量	单位
1		LED台阶灯	LED 1W/PCS 30° 3000K	台阶	65	套
2		LED上下出光壁灯	LED 7*1.2W 24° 3000K	柱子	8	套
3		LED草坪灯	LED 9W 3000K	台阶绿坡	20	套
4		LED点光源埋地灯	LED 1W 3000K	广场地面	20	套
5		LED光带	LED软灯带 15W/M 3000K	玻璃扶手	50	米
6		照树灯	金卤灯35W 3000K	树，植被	10	套
7		LED水下投光灯	LED 3W 3000K	金杯涌泉	8	套

照明计算

- 台阶 照明计算
- 使用灯具：
  台阶地脚灯、草坪灯
- 使用光源：LED
- 平均照度：20 lx
- 结论：达到要求

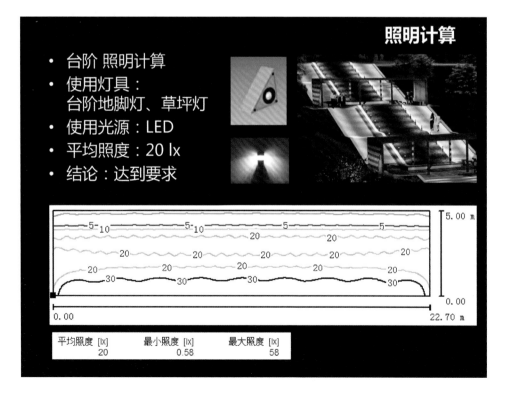

平均照度 [lx]	最小照度 [lx]	最大照度 [lx]
20	0.58	58

照明计算

- 亲水栏杆照明计算
- 使用灯具：
  1W点光源
- 使用光源：LED
- 平均照度：6.6 lx
- 结论：达到要求

平均照度 [lx]	最小照度 [lx]	最大照度 [lx]	最小照度 / 平均照度
6.65	0.65	24	0.098

工程概算

序号	项目名称	规格型号	安装位置	数量	单位	单价（元）	合价（元）
1	LED台阶灯	LED 1W/PCS 30°3000K	台阶	65	套	300	19,500
	LED上下出光壁灯	LED 7*1.2W 24°3000K	花架柱子	8	套	800	6,400
	LED草坪灯	LED 9W 3000K	台阶绿坡	20	套	800	16,000
	LED点光源埋地灯	LED 1W 3000K	广场地面	20	套	300	6,000
	LED光带	LED软灯带 15W/M 3000K	玻璃扶手	50	米	200	10,000
	照树灯	金卤灯35W 3000K	照树灯，植被	10	套	800	8,000
	LED水下投光灯	LED 3W 3000K	金杯涌泉	8	套	600	4,800
	二、电线、电缆敷设						
	电线ZR-RVV-3*2.5	ZR-RVV-3*2.5		300	米	10	3,000
	总线ZR-RVV-3*4	ZR-RVV-3*4		200	米	12.4	2,480
	三、配电箱安装						
	配电控制箱			1	台	1000	1,000
	四、其他						
	PVC20/FC	PVC20/FC		400	米	8.2	3,280
	PVC25/FC	PVC25/FC		200	米	12.8	2,560
	小计						83,020
2	机械费小计						5,000
3	人工费小计						10,000
4	工程直接费	(1) + (2) + (3)					98,020
5	其他各类费用						9,802
6	利润	[(4) + (5)] × 利润率					10,782
7	税金	[(4) + (5) +(6)] × 5%					5,930
8		(4) + (5) +(6) + （7）					124,534

设计图纸

说明 → 平面 → 立面

线路 → 系统 → 大样

设计说明

本设计内容为东岸北入口照明电气设计。

· 设计依据:
1.《民用建筑电气设计规范》 （JGJ16-2008）
2.《电力工程电缆设计规范》 （GB50217-2007）
3.《供配电系统设计规范》 （GB50052-2009）
4.《城市夜景照明设计规范》 （JGJ/T163-2008）
5.其它有关国家及地方的现行规范。

·供电设计:
1.照明光源采用光色好、光效高、寿命长的LED光源、金卤灯光源。
2.照明控制设置2种运行方式:手动及自动定时控制,手动用于调试检修时;时控根据设定时间控制灯具启停,是主要控制方式。
3.照明灯光控制器由供应商提供相关技术数据或指定型号,照明控制均统一在配箱内控制并达到设计要求效果。
4.灯具详见灯具表,品牌由甲方自选。现场施工过程中可视现场具体情况对灯具位置进行调整,较大调整时需与设计师协商。
5.灯具的布置和照射角度请参考整体效果图,如需更改须由设计人员根据现场实际情况而定。
6.不能以图纸尺寸作为标准,丈量灯具的数量和管线尺寸,作为报价和施工依据,上述尺寸应以现场实际丈量尺寸为准。

线路敷设及安装要求:
1.从开关配电箱引出的各个回路的电源干线与分支线联接均需要使用接线盒（其管路敷设的位置和走向接线盒外露的需作防水处理）,安装位置根据建筑物的实际情况,以不影响建筑物美观为原则,要求户外线路穿PVC难燃管暗敷,隐蔽的线路禁止有接驳口,穿管线的总面积（包括绝缘层）不超过管径内截面的40%,强电要求最小导线规格为ZRRVV-2.5mm²。
2.主配电箱MX-01配电箱的取电点和各楼层配电箱在室内实际安装位置请甲方现场协调。
3.图纸中线路敷设所需的线径和管径详见系统图。
4.各款灯具的具体安装位置和照射角度需参照设计平面图及立面图等,根据现场实际情况确定.安装线管及灯具或其配置设备应与装修配合,应做到外观相近及安装位置隐藏。
5.出线位位仅供参考,实际施工以施工单位出的深化图或现场实际情况为准。
6.电箱的电源进线请参考不属我司系统图设计范围。

·安全防护和接地:
1.设计采用TN接地系统,PE线的接地电阻要求不大于4Ω。
2.各处的灯具金属底座及接线端子至灯头的PE线（与电源线等截面）应与回路电缆的PE线可靠连接。
3.控制箱照明配电电源进箱处做一组重复接地;接地电阻要求不大于4Ω。
4.照明灯具的金属外壳应与建筑物的金属部分作等电位连接。

·电气节能及环保措施:
1.选择高效光源灯具及低功率LED灯相结合。
2.选用灯具应满足相关国家灯具标准（GB7000）,灯具配套功率因数补偿装置CosØ >0.85。
3.照明控制设置采用手动和时控2种方式控制启停,时控可根据不同时段设置多种模式来控制灯具,实现自动控制。

二次控制系统图

序号	材料名称	规格与型号	数量
1	漏电小型断路器	GM0M-10A/1P	
2	接触器	LC6-16/3	
3	交流接触器	带辅一次自锁辅助	
4	控制按钮	10A	
5	指示灯	LA10-16/220V	
6	时控器	1P	

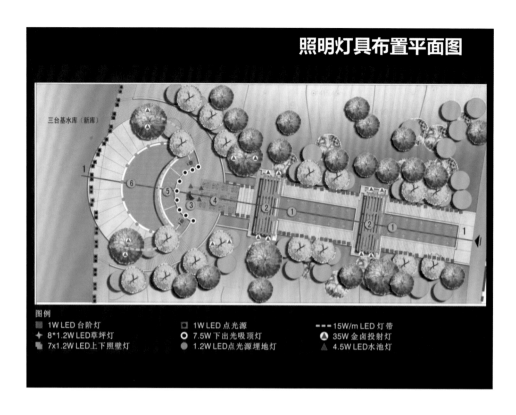

照明灯具布置平面图

三台基水库(新库)

图例
- ■ 1W LED 台阶灯
- ✦ 8*1.2W LED草坪灯
- ▤ 7x1.2W LED上下照壁灯
- □ 1W LED 点光源
- ⊙ 7.5W 下出光吸顶灯
- ● 1.2W LED点光源埋地灯
- --- 15W/m LED 灯带
- ▲ 35W 金卤投射灯
- △ 4.5W LED水池灯

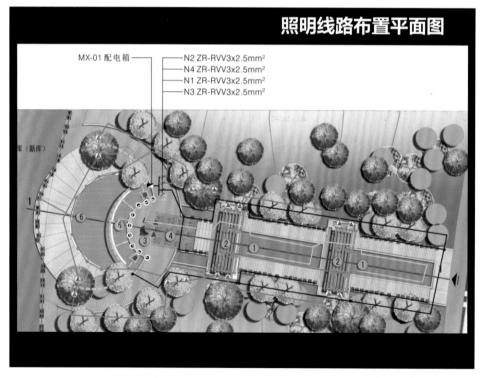

照明线路布置平面图

MX-01 配电箱 —— N2 ZR-RVV3x2.5mm²
—— N4 ZR-RVV3x2.5mm²
—— N1 ZR-RVV3x2.5mm²
—— N3 ZR-RVV3x2.5mm²

库(新库)

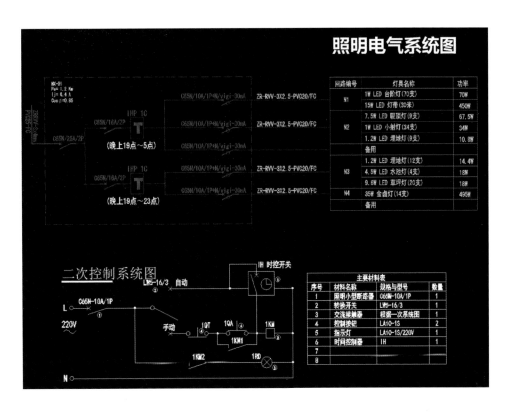

照明电气系统图

回路编号	灯具名称	功率
N1	1W LED 台阶灯 (70支)	70W
	15W LED 灯带 (30米)	450W
N2	7.5W LED 吸顶灯 (9支)	67.5W
	1W LED 小射灯 (34支)	34W
	1.2W LED 埋地灯 (9支)	10.8W
	备用	
N3	1.2W LED 埋地灯 (12支)	14.4W
	4.5W LED 水池灯 (4支)	18W
	9.6W LED 草坪灯 (20支)	18W
N4	35W 金卤灯 (14支)	495W
	备用	

二次控制系统图

序号	材料名称	规格与型号	数量
1	照明小型断路器	C65N-10A/1P	1
2	转换开关	LW5-16/3	1
3	交流接触器	根据一次系统图	1
4	控制按钮	LA10-1S	2
5	指示灯	LA10-1S/220V	1
6	时间控制器	IH	1
7			
8			

主要材料表

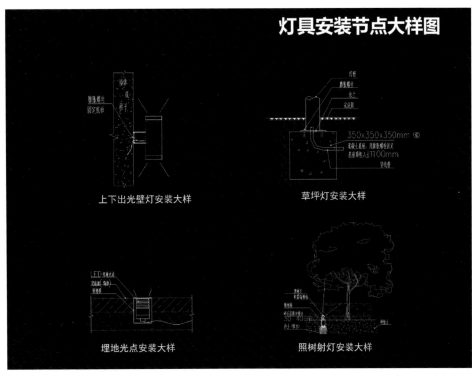

灯具安装节点大样图

上下出光壁灯安装大样

草坪灯安装大样

埋地光点安装大样

照树射灯安装大样

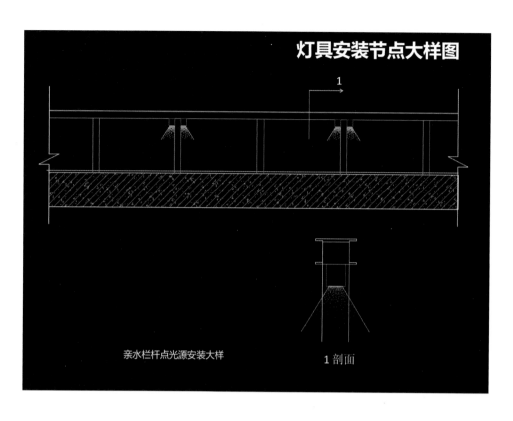

灯具安装节点大样图

亲水栏杆点光源安装大样

1 剖面

参考文献

[1] 李农著，照明方案设计的构成与表现——国家照明设计师专业能力考核的技术要点与实例，北京：中国电力出版社，2010

[2] 李农著，景观照明设计与实例详解，北京：人民邮电出版社，2011

[3] 李农著，城市照明总体规划与实例详解，北京：人民邮电出版社，2012

[4] JGJ/T.163-2008. 城市夜景照明设计规范，北京：中国建筑工业出版社，2009

[5] CJJ 45-2006. 城市道路照明设计标准，北京：中国建筑工业出版社，2007

[6] 日本照明学会编，李农、杨燕译：照明手册，北京：科学出版社，2004

著者介绍

李农　博士、教授、国家高级照明设计师

1997 年获日本九州大学光环境专业博士学位。现任北京工业大学建筑与城市规划学院教授、城市照明规划设计研究所所长。

著者作为中国目前唯一的海外光环境博士，活跃于从室内照明到城市照明等光环境的研究与规划设计领域，已完成的代表性项目有国家"863"计划"半导体照明规模化系统集成技术研究——国家游泳中心（水立方）大规模 LED 建筑物景观照明工程研究"，国家"863"计划"室内数字智能化 LED 照明系统开发"等；并完成了青岛、汕头等国内近二十个城市的照明规划及景观照明设计五十余项。此外，为建立城市照明的规划设计理论，在国内率先提出光文化理念，并著有《光改变城市》、《景观照明设计与实例详解》、《城市照明总体规划与实例详解》、《照明设计方案的构成与表现》等城市照明规划、景观照明设计与光环境相关论著百余篇（部）。

目前主要兼职：

中国照明学会常务理事、高级会员、学术工作委员会副主任、教育与培训工作委员会副主任；

《照明工程学报》杂志编委会副主任；

日本照明学会会员；

国内若干城市建设顾问。

北京工业大学城市照明规划设计研究所与北京赛高都市环境照明规划设计公司作为一体单位，由北京工业大学建筑与城市规划学院教授、国家高级照明设计师李农博士担任负责人。主要从事城市照明规划设计及城市景观照明设计，同时也开展城市照明技术、城市节能、城市光环境生态等相关研究与应用。目前除已完成 "863"计划在内的多项国家重点项目外，还完成了下列城市的城市照明规划与设计：

城市照明规划主要作品：青岛、桂林、汕头、乌鲁木齐、银川、贵阳、攀枝花、广元、济宁、滨州、晋城、日照等近二十个城市的城市照明总体规划或详细规划；

景观照明设计主要作品：四川广元市标凤凰楼、烟台东山宾馆、新泰市青龙山、鄂尔多斯依金霍洛街、成吉思汗陵区、包头钢铁大街、孔子国际会展中心等五十多个夜景照明设计项目。

如欲了解等多信息请

新闻　**网页**　贴吧　知道　MP3　图片　视频　地图

| 李农　或　北京工业大学城市照明规划设计研究所 | 百度一下 |

城市照明规划类主要作品

青岛市景观照明总
体规划

桂林市城市照明总
体规划

汕头市城市照明总
体规划与详细规划

贵阳市城市照明总
体规划与详细规划

乌鲁木齐市景观照明
总体规划与详细规划

银川市景观照明总
体规划与详细规划

济宁市景观照明总
体规划

攀枝花市景观照明
总体规划

滨州市城市照明总
体规划与详细规划

楚雄市景观照明总
体规划

广元市景观照明总
体规划与详细规划

晋城市城市照明总
体规划

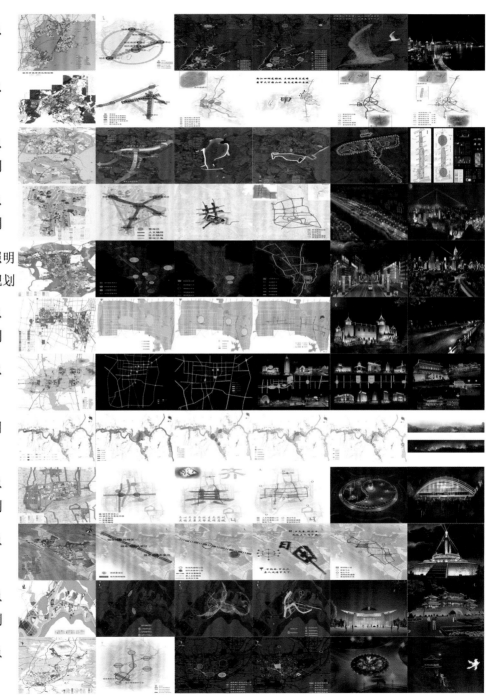

景观照明设计类主要作品

成吉思汗陵及景区
景观照明规划设计

鄂尔多斯市伊克昭
公园景观照明设计

曲阜孔子文化会展
中心景观照明设计

徐州市大龙湖环湖
景观照明规划设计

烟台市东山宾馆景
观照明规划设计

天津海河外滩公园
景观照明规划设计

成都市科创中心景
观照明规划设计

广元市利州广场景
观照明规划设计

济宁圣都国际会议
中心景观照明设计

西安市古韵沁园景
观照明设计

包头市钢铁大街景
观照明规划设计

鄂尔多斯市依金霍
洛街景观照明设计